U0181044

格致方法·定量研究系列　吴晓刚　主编

多层次模型

[美] 道格拉斯·A.卢克（Douglas A.Luke）著

郑冰岛 译

SAGE Publications, Inc.

格致出版社 ■ 上海人人出版社

出版说明

　　由吴晓刚（原香港科技大学教授，现任上海纽约大学教授）主编的"格致方法·定量研究系列"丛书，精选了世界著名的 SAGE 出版社定量社会科学研究丛书，翻译成中文，起初集结成八册，于 2011 年出版。这套丛书自出版以来，受到广大读者特别是年轻一代社会科学工作者的热烈欢迎。为了给广大读者提供更多的方便和选择，该丛书经过修订和校正，于 2012 年以单行本的形式再次出版发行，共 37 本。我们衷心感谢广大读者的支持和建议。

　　随着与 SAGE 出版社合作的进一步深化，我们又从丛书中精选了三十多个品种，译成中文，以飨读者。丛书新增品种涵盖了更多的定量研究方法。我们希望本丛书单行本的继续出版能为推动国内社会科学定量研究的教学和研究作出一点贡献。

总 序

　　2003 年,我赴港工作,在香港科技大学社会科学部教授研究生的两门核心定量方法课程。香港科技大学社会科学部自创建以来,非常重视社会科学研究方法论的训练。我开设的第一门课"社会科学里的统计学"(Statistics for Social Science)为所有研究型硕士生和博士生的必修课,而第二门课"社会科学中的定量分析"为博士生的必修课(事实上,大部分硕士生在修完第一门课后都会继续选修第二门课)。我在讲授这两门课的时候,根据社会科学研究生的数理基础比较薄弱的特点,尽量避免复杂的数学公式推导,而用具体的例子,结合语言和图形,帮助学生理解统计的基本概念和模型。课程的重点放在如何应用定量分析模型研究社会实际问题上,即社会研究者主要为定量统计方法的"消费者"而非"生产者"。作为"消费者",学完这些课程后,我们一方面能够读懂、欣赏和评价别人在同行评议的刊物上发表的定量研究的文章;另一方面,也能在自己的研究中运用这些成熟的方法论技术。

　　上述两门课的内容,尽管在线性回归模型的内容上有少量重复,但各有侧重。"社会科学里的统计学"从介绍最基本的社会研究方法论和统计学原理开始,到多元线性回归模型结束,内容涵盖了描述性统计的基本方法、统计推论的原理、假设检验、列联表分析、方差和协方差分析、简单线性回归模型、多元线性回归模型,以及线性回归模型的假设和模型诊断。"社会科学中的定量分析"则介绍在经典线性回归模型的假设不成立的情况下的一些模型和方法,将重点放在因变量为定类数据的分析模型上,包括两分类的 logistic 回归模型、多分类 logistic 回归模型、定序 logistic 回归模型、条件 logistic 回归模型、多维列联表的对数线性和对数乘积模型、有关删节数据的模型、纵贯数据的分析模型,包括追踪研究和事件史的分析方法。这些模型在社会科学研究中有着更加广泛的应用。

修读过这些课程的香港科技大学的研究生,一直鼓励和支持我将两门课的讲稿结集出版,并帮助我将原来的英文课程讲稿译成了中文。但是,由于种种原因,这两本书拖了多年还没有完成。世界著名的出版社 SAGE 的"定量社会科学研究"丛书闻名遐迩,每本书都写得通俗易懂,与我的教学理念是相通的。当格致出版社向我提出从这套丛书中精选一批翻译,以飨中文读者时,我非常支持这个想法,因为这从某种程度上弥补了我的教科书未能出版的遗憾。

翻译是一件吃力不讨好的事。不但要有对中英文两种语言的精准把握能力,还要有对实质内容有较深的理解能力,而这套丛书涵盖的又恰恰是社会科学中技术性非常强的内容,只有语言能力是远远不能胜任的。在短短的一年时间里,我们组织了来自中国内地及香港、台湾地区的二十几位研究生参与了这项工程,他们当时大部分是香港科技大学的硕士和博士研究生,受过严格的社会科学统计方法的训练,也有来自美国等地对定量研究感兴趣的博士研究生。他们是香港科技大学社会科学部博士研究生蒋勤、李骏、盛智明、叶华、张卓妮、郑冰岛,硕士研究生贺光烨、李兰、林毓玲、肖东亮、辛济云、於嘉、余珊珊,应用社会经济研究中心研究员李俊秀;香港大学教育学院博士研究生洪岩璧;北京大学社会学系博士研究生李丁、赵亮员;中国人民大学人口学系讲师巫锡炜;中国台湾"中央"研究院社会学所助理研究员林宗弘;南京师范大学心理学系副教授陈陈;美国北卡罗来纳大学教堂山分校社会学系博士候选人姜念涛;美国加州大学洛杉矶分校社会学系博士研究生宋曦;哈佛大学社会学系博士研究生郭茂灿和周韵。

参与这项工作的许多译者目前都已经毕业,大多成为中国内地以及香港、台湾等地区高校和研究机构定量社会科学方法教学和研究的骨干。不少译者反映,翻译工作本身也是他们学习相关定量方法的有效途径。鉴于此,当格致出版社和 SAGE 出版社决定在"格致方法·定量研究系列"丛书中推出另外一批新品种时,香港科技大学社会科学部的研究生仍然是主要力量。特别值得一提的是,香港科技大学应用社会经济研究中心与上海大学社会学院自 2012 年夏季开始,在上海(夏季)和广州南沙(冬季)联合举办《应用社会科学研究方法研修班》,至今已经成功举办三届。研修课程设计体现"化整为零、循序渐进、中文教学、学以致用"的方针,吸引了一大批有志于从事定量社会科学研究的博士生和青年学者。他们中的不少人也参与了翻译和校对的工作。他们在繁忙的学习和研究之余，历经近两年的时间，完成了三十多本新书的翻译任务，使得"格致方法·定量研究系列"丛书更加丰富和完善。他们是：东南大学社会学系副教授洪岩璧，香港科技大学社会科学部博士研究生贺光烨、李忠路、王佳、王彦蓉、许多多，硕士研究生范新光、缪佳、武玲蔚、臧晓露、曾东林，原硕士研究生李兰，密歇根大学社会学系博士研究生王骁，纽约大学社会学系博士研究生温芳琪，牛津大学社会学系研究生周穆之，上海大学社会学院博士研究生陈伟等。

陈伟、范新光、贺光烨、洪岩璧、李忠路、缪佳、王佳、武玲蔚、许多多、曾东林、周穆之，以及香港科技大学社会科学部硕士研究生陈佳莹，上海大学社会学院硕士研究生梁海祥还协助主编做了大量的审校工作。格致出版社编辑高璇不遗余力地推动本丛书的继续出版，并且在这个过程中表现出极大的耐心和高度的专业精神。对他们付出的劳动，我在此致以诚挚的谢意。当然，每本书因本身内容和译者的行文风格有所差异，校对未免挂一漏万，术语的标准译法方面还有很大的改进空间。我们欢迎广大读者提出建设性的批评和建议，以便再版时修订。

我们希望本丛书的持续出版，能为进一步提升国内社会科学定量教学和研究水平作出一点贡献。

吴晓刚
于香港九龙清水湾

目 录

序

在研究人类行为的模型中，"情境"具有非同寻常的重要性。个体行为受到多个层次自变量的影响，可以是微观层面的，也可以是宏观层面的。例如，某投票者对候选人捐赠的竞选资金是个体特征（投票者的收入和教育）与群体特征（投票者的社区或其所在的专业机构）的共同函数。在该情况下，研究者可以估计一个 OLS 模型，$V = a + bI + cS + dN + eP + u$。其中，V、I 和 S 分别表示个体层面的捐赠值、收入以及教育；N 和 P 则分别表示群体层面的社区和专业机构特征；b 和 c 分别为个体效应参数；d 和 e 为群体效应参数；u 为误差项。这是一种有效的估计方法，在艾弗森（Iversen）的《情境分析》一书中，对此方法有详尽的讨论。

但出现多层次效应时，OLS 的经典假设却很难满足。特别是当个体存在于相同群体中时，"不相关的误差项"的假设几乎不可能成立。本书采用最大似然方法估计多层次模型来解决这一问题。多层次模型还有一些其他的名称，如分层线性模型、随机系数模型、混合效应模型，并且它可以使用单个方程，亦可运用联列方程的形式。而卢克博士关注单个回归形式方程的二层到三层模型。通过讨论国会成员对烟草工业的投票行为这一例子，卢克博士解释了个体层面及集体层面特征共同作用于同一函数的情况，为二层模型提供了最大似然估计（MLE）方法，并且对模型的拟合优度指标进行了详细的阐释，包括离差、赤池信息准则（AIC）和贝叶斯信息准则（BIC）等。

本书还对该技术的使用进行了扩展讨论。例如讲述离散变量和非正态分布变量的一般分层线性模型（GHLM）；又如使用健康调查数据讨论不同时点嵌套于同一个体的纵向数据分析，其中受访者在多个时间点上接受访谈，且不同个体间数据的缺失情况有很大差异。这类情况在标准的重复测量多变量方差分析（MANOVA）中很难处理，但使用多层次模型即可解决这一问题。纵向数据中常见的自相关问题也得到了讨论。由于多层次模型的设计和分析方法都处在日新月异的进展之中，因而本书还介绍了一系列新的应用软件，主要是现在流行的两个专业软件包——HLM 和 R /S-Plus。同时，本书还介绍了一些更普遍的程序，如 SAS 和 SPSS。若研究者希望阅读一些以平实的语言对多层次模型进行分析的著作，本书即其中具有代表性的一本。

迈克尔·S.刘易斯-贝克

第 *1* 章

为什么使用多层次模型

　　在考虑社会与健康科学所关注的几乎所有现象时，我们都应该注重事件情境的重要性。例如，社会环境的紧张可能影响个体的情绪；药物对心理状态的改善受使用者所处社会结构的影响；早期童年发展与一系列环境条件相关，如饮食习惯、环境刺激、环境污染、与母亲的关系等；青少年危险行为和他们所处的成人世界的结构化行为有关系；孩子的教育成果会被课堂、学校以及教学体制所制约。

　　以上都是个体行为受到社会环境影响的例子。实际上，情境的作用远不止这些。例如，婚姻关系中离婚的选择与宗教和文化背景显著相关；组织氛围影响群体选择；医疗机构利润受卫生维护组织（HMO）返款政策的强烈影响。

　　上述所有例子的共同点在于，某一个高层次特征的存在或其发生过程影响着低层次特征的存在或发生。由于概念是建构于不同层次的，因此概念间的关系也发生在多层次之间，从而需要特殊的分析工具才能加以估计。这就是本书的主题。

　　尽管情境如此重要，但那些并不能处理多层次数据与理论问题的分析工具却常被运用于健康与社会科学研究中。在研究发展的早期阶段，这是由于多层次分析工具的缺失造成的。然而在多层次模型已经相当完善的今天,研究者却继续使用着简单化的单一层次模型。

　　社会科学中某些传统的认识论或许可以解释这种现象。首先是实证主义研究传统的广泛影响,即便是在多年以前,科学哲学已经认识到实证主义并不足以建立生物、健康以及社会科学的研究框架,我们却倾向于追随实证主义传统来进行研究设计和分析。例如在研究中,我们会控制实验条件、使用控制组和对照组以及在模型中控制协变量的影响以提供更准确的统计推论,但在测量和估计超个体层面的环境性因素时,我们却面临非常严重的局限。

　　实证主义在处理科学问题时最为有效,因其面对的大多是封闭体系中的问题。这类封闭体系中的行为常常可以用少数几个变量来预测,比如行星的位移可用其质量和速度来估计。健康与社会科学处理的是更为复杂的开放体系中的问题,其中外部环境因素常常无法被控制、限定或去除,从而使能够测量和分析环境因素的多层次模型显得尤为重要。

　　让我们来看一个医学模型的例子。它以简化的视角来看待健康,将疾病视为可被药物刺激而修正的一种身体缺陷,但现代流行病学则试图确定疾病的风险因素。以心血管疾病为例,现代流行病学通过一系列有力的研究设计(如控制组研究)和分析工具(如对相对患病风险的 logistic 回归)来确定重要的患病风险因素,包括基因体质、身体状况(高血压)、行为习惯(吸烟、运动)、文化背景(种族)和环境(医疗条件)。然而,虽然这些因素明显作用于不同层面,但它们却总是于个体层面被测量(比如通过调查),并且各个不同层面的因素发生作用的机制也很少被关注。比如,缺乏运动是个体选择造成的,还是由于社区生态导致个体在社区内缺乏运动条件造成的?

尽管如此,在行为、健康和社会科学中,多层次模型却正在获得越来越多的关注和使用。在美国国立卫生研究院2000 年的报告《走向多层次分析:健康研究中社会和文化维度的进步与前景》(Office of Behavioral and Social Sciences Research,2000)中,这份关于新议题的报告提出了两个研究目标:一是扩展与健康相关的社会科学研究;二是将社会科学研究整合进跨学科的、多层次的健康研究中。为了实现这两个目标,报告提出了以下建议:

> 支持发展高质量的社会科学方法。这方面的挑战包括:群体、网络、邻里、社区层次的测量;纵向数据研究方法的发展;整合不同量化与质性研究的多层次研究设计以及数据搜集和分析方法的改进。

表 1.1 以烟草控制为例,这份报告展示了各个分析层次之间的相互影响,并以此构建概念框架。烟草控制研究关注从基因到社会文化、政治的各个层面。尽管可以将研究局限

表 1.1　健康研究的不同层次:以烟草控制为例

分析层次	示例:烟草控制研究
文化/政治	测量烟草税对人口吸烟比例的影响
社会/环境	测量家庭与同辈影响在青少年吸烟行为中的相对重要性
行为/心理	设计有效的吸烟预防与禁止项目
器　官	防止吸烟者体内肿瘤的形成
细　胞	尼古丁摄入的新陈代谢研究
分子/基因	尼古丁依赖的基因研究

于任何一个层面,但大多数重要的研究会关注各个层面之间的联系。例如,在了解各种基因的尼古丁依赖的基础上,我们可以对各基因类型进行恰当的预防性干预。

　　2003 年美国国家科学院医学研究所关于公众健康的报告更清楚地反映了多层次因素的相互依赖性和层级化特征。图 1.1 展现了健康决定因素的社会生态模型。该报告强调,公共健康专家以及研究者必须理解和应用社会生态学路径,以期成功地改善国家整体的健康状况。

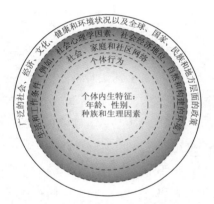

图 1.1　影响健康的决定因素的多层次索引图

第 1 节 | 多层次模型的理论依据

　　简单地说，由于大多数研究对象在本质上是多层次的，因而我们应使用多层次的理论和分析工具，否则我们将面临严重的问题。

　　例如，在集体层面搜集和分析健康行为数据是非常普遍的。流行病学显示，在那些居民日常食谱中脂肪含量较高的国家，其乳腺癌致死的比例也较高(Carroll，1975)。如此看来，摄入更多脂肪的女性更易患乳腺癌似乎是一个合理的推论。然而这一推论却是一个生态学谬误，其中，群体间的关系被假设同样存在于个体之间(Freedman，1999)。事实上，近期的健康研究表明，在个体层面，脂肪摄入量与乳腺癌之间的关系并不明显(Holmes et al.，1999)。

　　这类谬误也可能以另一种方式出现。在行为科学中，数据常常从个体处搜集，然后集合成为群体数据以说明个体所从属的群体信息，这可能导致原子谬误，即群体信息被不正确地从个体信息中推论出来(Hox，2002)。尽管从个体层面获取整个生态的特征信息并非不可能，如穆斯关于社会气候的推论就是一个成功的例子(Moos，1996)，然而希恩和拉普金却令人信服地指出，这类推论并不可靠，更可取的方法是使用群体层次的测量和分析工具来获取群体信息。

　　我们有必要考虑集群和成员在属性上的社会学区别
(Lazarsfeld & Menzel，1969)。成员从属于集群,但集群与
其成员的多种属性(变量)却可能同时被测量和分析。拉扎
斯菲尔德和门泽尔定义了集群的分析属性、结构属性以及整
体属性。分析属性通过集合集群内的个体信息来获得(例
如,一个城市中西班牙裔人口的比例),结构属性建立在集群
成员之间的关系上,而整体属性则是集群本身的特征,并不
受个体成员的影响(O'Brien，2000)。例如,学校的禁烟政策
就是学校这一集群的整体属性。

　　从这一框架可以看出,以上的谬误存在于推论而非测量
中。我们完全可以从低维度的成员信息中获得高层次的集
群特征。当某一特定层面的关系被不恰当地假定于其他层
面时,上述谬误就出现了。

第 2 节 | 多层次模型的统计依据

当面对这些复杂的概念问题时,即使所处理的数据与假设实为多个层次的,社会科学研究者仍倾向于使用传统的个体层次模型来解决问题。若分解群体层次的信息至个体层面,从而将多元回归中的变量限定在个体分析单位中,则至少会导致两方面的问题:首先,所有未被拟合入模型的背景信息最终都被包含在模型的个体层次误差项中(Duncan et al.,1998),而由于相同背景下的个体层次误差项必然相关,则违反了多元回归的基本假设;其次,忽略背景因素则意味着各回归系数同等作用于一切情境,这实则反映了"在不同背景条件下,事物的发生机制本质相同"的错误观点(Duncan et al.,1998:98)。

通过引入个体分组情况的影响,方差分析(ANOVA)与协方差分析(ANCOVA)可以部分地解决这些统计问题,但缺陷仍然存在:首先,当个体的组别较多时,这类模型必然使用较多的参数而大大降低解释力和简约性;其次,这些组别参数往往被作为固定效应引入,从而忽略了群组层面的随机变量;最后,在处理缺失数据或不均衡设计时,方差分析不够灵活。

表 1.2　健康和社会科学研究中的多层次模型与结构

多层次模型	多层次结构	示　　例
物　　理	个体存在于物理环境之中,这包括生物环境、生态环境以及物理建构环境	Diez-Roux et al.，2001 Perkins et al.，1993
社　　会	个体存在于社会结构之中,包括家庭、同辈以及其他社会网络	Buka et al.，2003 Rice et al.，1998
组　　织	个体和小群体存在于特定的组织之中,重要的组织特征包括规模、管理结构、群体交流、组织目标等	Maes & Lievens，2003 Villemez & Bridges，1998
政治/文化	个体或群体存在于特定的社会政治环境、文化环境和历史环境中	Lochner et al.，2001 Luke & Krauss，2004
时　　间	对某一个体在不同时点的多次观察	Boyle & Willms，2001 Curran et al.，1997
分　　析	个体研究中的多元效应测量(如元研究)	Goldstein et al.，2000 Raudenbush & Bryk，1985

第 3 节 │ **本书内容简介**

　　上述讨论的主要目的在于对社会与健康科学研究中的多层次模型统计方法做相对非技术性的介绍。之后的内容分为两大部分。第 2 章介绍二层模型及其拟合方法,包括数据准备、模型估计、模型解释、假设检验、模型假设条件检验以及中心化。第 3 章是对多层次模型的扩展应用,包括对非连续型因变量和非正态分布型因变量的处理以及使用多层次方法分析纵向数据和构建三层模型。这些内容都讨论了其与多元回归的相似性,并且对例子中的数据和分析进行了扩展运用(所有的数据、程序以及分析结果都可在附录中找到)。而本书所有的数据分析都使用了 HLM5.04 版(Raudenbush et al.,2000)以及 R 程序(Pinheiro et al.,2003)里的混合效应语句 nlme3.1 版,所有的图都由 R1.7.1 版产生。

　　为了方便下文的叙述,我们先对多层次模型提供一个定义,它是使用多层次数据阐述不同层级间关系的统计技术。在过去的几十年间,多层次模型的统计基础在各学科内发展起来,并被给予不同的称谓,包括分层线性模型(Raudenbush & Bryk,2002)、随机系数模型(Longford,1993)、混合效应模型(Pinheiro & Bates,2000)、协方差结构模型(Muthén,1994)以及增长曲线模型(McArdle & Epstein,1987)等。所有这些多层次模型的具体形式都可归纳为以下两大统计类别中的一种:多元回归统计和结构方程模型。本书关注前一种统计路径,但读者可以参见赫克和托马斯的著作(Heck & Thomas,2000)第 5 章至第 7 章的内容,借此对第二种统计路径有所了解。

第 2 章

基本多层次模型

第 1 节 | 基本二层模型

多层次模型的目的是基于一系列非同一层次的自变量，对因变量的值进行估计。例如，对儿童标准化阅读能力的估计不仅要考虑儿童的个体特征（如学习时间），亦应考虑儿童所处班级的集体特征（如班级规模）。在此，我们将儿童特征置于测量和模型化的第一层，而将班级特征置于第二层。

使用分处第一层和第二层的两个自变量，上述二层结构可以写成下列的多层次模型：

$$第一层：Y_{ij} = \beta_{0j} + \beta_{1j}X_{ij} + r_{ij}$$
$$第二层：\beta_{0j} = \gamma_{00} + \gamma_{01}W_j + u_{0j} \qquad [2.1]$$
$$\beta_{1j} = \gamma_{10} + \gamma_{11}W_j + u_{1j}$$

这一组方程不仅列出了所有因变量和自变量，还更清晰地描述了模型的多层次特征。模型第一层看似一个典型的 OLS 多元回归，然而下标 j 却表明其估计随着第二层特征（班级）值的变化而不同，即研究对象中的每个班级都有其各自的平均阅读能力（β_{0j}），而且学习时间对阅读能力的影响（β_{1j}）也有所不同。因而我们允许模型的截距和斜率在不同的班级之间变化，这也是多层次模型的核心观点——将截距和斜率作为第二层自变量的结果。

　　模型的第二层指出了第一层模型的参数如何受到第二层变量的影响：β_{0j} 是第一层模型的截距；γ_{00} 是在控制二层自变量 W_j 时，一层因变量的均值；γ_{01} 是二层自变量 W_j 的斜率；u_{0j} 是误差项，即未被模型化的变项。第二个方程的解释与此类似，但此方程拟合的是二层变量对 X_{ij} 的斜率。β_{1j} 是一层模型的斜率，γ_{10} 是控制 W_j 时的均值，γ_{11} 是 W_j 的斜率，而 u_{1j} 是其误差项。

　　将第二层方程代入第一层可得：

$$Y_{ij} = \left[\gamma_{00} + \gamma_{10}X_{ij} + \gamma_{01}W_j + \gamma_{11}W_jX_{ij}\right]$$
固定
$$+\left[u_{0j} + u_{1j}X_{ij} + r_{ij}\right] \qquad [2.2]$$
随机

　　此为多层次模型的单个方程形式，又名"混合效应模型"。它相对简洁，但却难以迅速辨别其隐含模型的多层次结构。其优点在于，首先，如上所述，单个方程清楚地表明了模型的固定效应部分（γ）以及随机效应部分（u 和 r），这也是为何多层次模型亦被称为"混合模型"或"混合效应模型"的原因；另外，单个方程形式与多层次模型软件的输出结果相对应。它表明第一层次的参数（β_{0j}、β_{1j}）并不被直接估计，而是通过第二层参数（γ）来间接获得。

　　大多数研究者，尤其是方差分析方法的使用者，都对固定效应较为熟悉，对随机效应则不然。在方差分析中，随机效应被定义为一些独立因素，其所处的层级是随机选择的。而在多层次模型中，随机效应指的是附加误差项或是额外的方差。在上文的例子中，γ_{ij} 是个体层次的误差项，而多层次模型还有两项附加的误差项：u_{0j} 是各个班级阅读水平的随机差异，u_{1j} 则是各个班级学习时间与阅读水平关系的随机差异。由此看来，多层次模型的随机效应总是依赖于各个层级单位。

方程 2.1 是一种相当典型的多层次模型形式。多层次模型还有许多其他形式，我们一般依据实际情况选择某一形式进行估计。为了处理可能模型的多种让人困惑的组合，我们根据以下四个方面来决定最终模型。

第一，现有几层数据？其中有几层将被模型化？尽管三层以上的模型并非不可能，但现有社会科学研究文献中常常使用二层到三层模型。

第二，各层次分别有多少自变量需加以考虑？

第三，将一层的斜率还是截距，或两者共同作为二层特征的结果？图 2.1 展示了其中的不同。图 2.1 左侧反映了斜率不变而截距在不同二层单位间变动的情况，而右侧则是斜率和截距都发生变动时的情况。研究者应综合考虑理论背景及数据证据来作出决定。

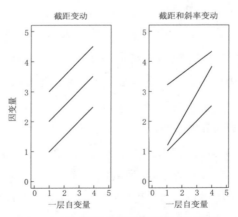

图 2.1　截距变动及截距与斜率共变的例子

表 2.1　三类多层次模型

类别	方程模型	混合效应模型	描述	附注
零模型	L1: $Y_{ij} = \beta_{0j} + r_{ij}$ L2: $\beta_{0j} = \gamma_{00} + u_{0j}$	$Y_{ij} = \gamma_{00} + u_{0j} + r_{ij}$	单维随机效应方差分析	常常作为零模型以估计组间效应
随机截距模型	L1: $Y_{ij} = \beta_{0j} + r_{ij}$ L2: $\beta_{0j} = \gamma_{00} + \gamma_{01}W_j + u_{0j}$	$Y_{ij} = \gamma_{00} + \gamma_{01}W_j + u_{0j} + r_{ij}$	单维随机变量协方差分析	此处我们关注 L2 的预测变量
随机截距与随机斜率模型	L1: $Y_{ij} = \beta_{0j} + \beta_{1j}X_{ij} + r_{ij}$ L2: $\beta_{0j} = \gamma_{00} + u_{0j}$ L3: $\beta_{1j} = \gamma_{10} + u_{1j}$	$Y_{ij} = \gamma_{00} + \gamma_{10}X_{ij} + u_{0j} + u_{1j}X_{ij} + r_{ij}$	随机系数回归模型	L1 的截距和斜率可以变化，但我们不用 L2 对其进行预测
随机斜率模型	L1: $Y_{ij} = \beta_{0j} + \beta_{1j}X_{ij} + r_{ij}$ L2: $\beta_{0j} = \gamma_{00} + \gamma_{01}W_j + u_{0j}$ L3: $\beta_{1j} = \gamma_{10} + \gamma_{11}W_j + u_{1j}$	$Y_{ij} = \gamma_{00} + \gamma_{01}W_j + \gamma_{10}X_{ij} + \gamma_{11}W_jX_{ij} + u_{0j} + u_{1j}X_{ij} + r_{ij}$	截距和斜率作为结果	第二层预测因素预测第一层的截距和斜率

第四,模型的哪部分需引入随机效应?

尽管多层次模型的形式数不胜数,但我们仍大致将其分为三类,见表 2.1。第一类是多层次模型中的最简形式,它不含有任何一层或二层的自变量,被称为"完全自由模型"或"零模型"。它常被作为起点,用以构建更复杂的模型,特别是用于计算组间相关系数(如下所示)。

第二类模型假设截距在二层单位间变化而斜率不变。在我们的例子中,若我们相信不同班级的平均阅读水平不同,但个体学习时间对阅读能力的影响在各班之间没有变化时,则可使用这类模型。

最后一类模型假设截距和斜率共同变化。若我们相信班级特征与个体学习时间对阅读能力的影响的层间交互作用存在,则可以用这类模型。例如,有些教师倾向于给学习勤奋的学生较好的阅读成绩,但有些教师却并不以学生的学习时间为衡量准则。方程 2.2 中的 $\gamma_{11}W_jX_{ij}$ 即代表这一层间交互作用。

第 2 节 | **建立与测量多层次模型**

烟草工业数据介绍

我们使用烟草控制政策研究的一项数据来说明如何发展、检验以及解释典型多层次模型(数据可供下载,请见附录)。这项研究的主要目的是确立 1997 年至 2000 年间国会成员对烟草工业相关法案的投票行为的重要影响因素(Luke & Krauss,2004)。因变量是投票百分比,具体而言是在四年间,美国某参议员或众议员"支持烟草工业"的投票占所有烟草工业相关投票的比例。例如,1998 年提出的修正法案 S1415-144 认为,应在三年内将每包烟的联邦烟草税提高 1.5 美元,对此,参议员特德·肯尼迪投了否决票。根据我们的定义,此时的否决票即"支持烟草工业"投票,因为这是被烟草工业所反对的法案。这项法案最后以 40% 的支持率对 58% 的反对率而未通过。此处我们定义的"投票比"是先计算国会成员支持烟草工业一方的投票次数的总和,然后除以其参加的烟草相关法案投票的总次数得出。该变量的范围在 0.0(从未支持烟草工业)和 1.0(总是支持烟草工业)之间(使用百分比或比例作为模型因变量所导致的问题会在第 3 章中讨论)。

"政党"指立法者所处的党派。已有研究表明,政党在很大程度上决定着投票方向——共和党在投票中更倾向于支持烟草工业。另一个个体层面的重要变量是资金,即国会成员从烟草工业政治行动委员会(political action committees)接受资金的额度。我们假设国会议员获得的资金越多,就越有可能支持烟草工业。

除了一层变量,我们还需考虑二层单位的信息。首先,我们必须知道国会成员所代表的州,然后再搜集我们将在模型中使用的二层变量,其中最关键的便是各州烟草种植场的经济情况,通过英亩数,即1999年各州收获的烟草数量(以每千英亩为单位)来测量。

尽管许多软件都支持将各层信息录入在同一个数据里(如SAS和S-Plus),但HLM却将信息分层次整理在两个数据文件中。表2.2和表2.3即我们使用的烟草数据。一层数据文件含有将一层个案连接进入二层单位的索引信息,如该例中州的缩写。HLM要求数据按照索引变量分类。多层次分析的最低数据要求是必须含有因变量和索引变量,而在大多数情况下,数据还会包含一系列一层和二层的预测自变量。

表 2.2　烟草数据集一层结构

姓　名	国会	州	投票比	政党	资金(千美元)
穆尔科斯基	参议院	AK	0.84	共和党	9.2
扬	参议院	AK	0.57	共和党	23.5
谢尔比	众议院	AL	0.64	共和党	24.2
克拉默	众议院	AL	0.89	民主党	14.0
……					

注:$N = 527$。

表 2.3　烟草数据集二层结构

州	英亩数	州	英亩数
AK	0	AR	0
AL	0	……	

注：$N = 50$。

　　对那些要求单个数据集的软件，数据应按照低一级的层次来组织。二层变量被分解开，保存在每一条一级单位的记录里。例如在 S-Plus 中，分析此处的烟草数据则应使用一个含有 527 条记录的数据集，每条记录针对一位国会议员。除去索引变量（州的缩写）和一层自变量，每条记录还应包含"英亩数"的值，即分解后的二层变量，来自同一个州的国会议员将在这个变量上被赋予相同的值。

评估多层次模型是否必要

　　建立多层次模型的第一步就是评估是否有此必要，评估一般从以下几个方面进行：实证方面、统计方面、理论方面。下面，我们将使用烟草控制研究的例子分别对这三个方面进行讨论。

　　图 2.2 是美国各州议员支持烟草工业的平均投票率。地图显示，各州的投票行为有着明显的不同：东南各州及平原州大多支持烟草工业利益，而新英格兰地区则在投票中较反对这项工业。图 2.3 烟草工业政治行动委员会的资金支持与投票行为间关系的散点图更进一步显示了五个最大州的差别。尽管五个州都显示了资金支持与投票行为间的正相关，但纽约州（NY）的平均支持率却是最低的，而在加利福

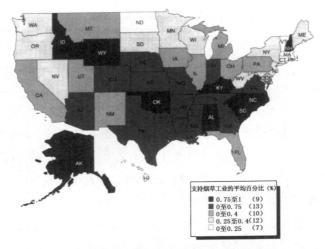

图 2.2　美国国会成员支持烟草工业的平均投票率

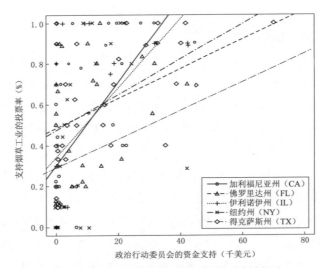

图 2.3　美国五个大州内资金支持与投票率的关系

尼亚州（CA）和伊利诺伊州（IL），资金支持与投票行为间的关系表现得更为强烈（更陡的斜率）。在图 2.4 中，S-Plus 或 R 软件为各州内部的线性拟合提供了更详细的线索（Becker & Cleveland，1996）（如后文所示，相比其他统计软件包，S-Plus 和 R 可提供更丰富和灵活的图表工具）。该图同样也显示了支持性投票比例随着资金投入的增长而提高，但州际差异却更为明显。例如，俄克拉荷马州和密歇根州与大多数州不同，其资金支持和投票行为并不成正比。而且，在较小的州（议员数量较少），此项关系要弱于较大的州。

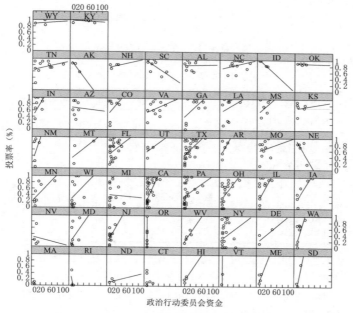

图 2.4　美国 50 个州内资金与投票率的 OLS 拟合图

这类画图技术在搜集是否有必要使用多层次模型的实证证据时非常有用，而更正式的实证证据则是组间相关系数

(ICC),它测量因变量的方差中被组别(二层单位)所解释的部分:

$$\rho = \frac{\sigma_{u_0}^2}{(\sigma_{u_0}^2 + \sigma_r^2)} \qquad [2.3]$$

此处的 $\sigma_{u_0}^2$ 和 σ_r^2 分别是二层以及一层方差,通过用 HLM 或 SAS 中的 *Proc MIXED*,或 S-Plus 及 R 中的 *nlme* 拟合零模型得出。

表 2.4 和表 2.5 分别是使用 HLM 以及 R 拟合零模型的部分输出结果,其中不包含任何一层或二层预测因素。

$$第一层:Y_{ij} = \beta_{0j} + r_{ij} \qquad [2.4]$$
$$第二层:\beta_{0j} = \gamma_{00} + u_{0j}$$

表 2.4　零模型的部分 HLM 输出结果

第一层次随机效应	系数	可靠性估计
INTRCPT1, B0		0.729

第七次迭代的似然函数值= $-1.559344E+002$
结果变量为 VOTEPCT
对固定效应的最终估计:

固定效应	系数	标准误	T 比值	自由度	P 值
INTRCPT1, B0 INTRCPT2, G00	0.530942	0.031142	17.049	49	0.000

对方差分量的最终估计:

随机效应		标准差	方差分量	自由度	卡方	P 值
INTRCPT1,	U0	0.18798	0.03534	49	214.13316	0.000
Level-1,	R	0.30436	0.09264			

协方差分量模型

注:离差=311.868804;估计参数数目=3。

该模型的混合效应形式则为:

$$Y_{ij} = \gamma_{00} + u_{0j} + r_{ij} \qquad [2.5]$$

上述方程中的 Y_{ij} 是某个特定州内某位议员的投票比例，唯一的固定效应 γ_{00} 是国会所有议员的平均值，而误差项则有两部分——州际差别（u_{0j}）和各州内议员的个体差别（r_{ij}）。这一零模型与方差分析中的单项随机效应模型类似。

表 2.5　零模型的部分 R 输出结果

最大似然估计的线性混合效应模型
　　　　数据：RSGrp

	AIC	BIC	对数似然
	319.7067	332.5083	−156.8533

随机效应：
　　函数：～1|state

标准差	（截距）	残差
	0.1879767	0.3043614

固定效应：votepct～1

	值	标准误	自由度	t 值	p 值
（截距）	0.530942	0.03116992	477	17.03379	<0.0001

标准化组内残差：

	最小值	第一四分位	中值	第三四分位	最大值
	−2.23742030	−0.85314980	0.03887117	0.75954570	2.10386071

样本量：527
组数：50

HLM 和 R 的输出结果都显示二层方差为 0.035，而一层方差为 0.093（R 也以标准差为单位报告随机效应，而 HLM 则同时使用标准差和方差单位）。组间相关系数为 $0.035/(0.093+0.035) = 0.27$。这表明州际差别占所有议员行为差别的 27%。较高的组间相关系数提示我们应使用多层次模型以拟合有用的各州的特征。

由于不存在一层或二层预测变量，零模型中只有一项固定效应（即 γ_{00}）被估计，其估计值为 0.53，可被解释为所有研究对象的因变量的平均值。所以，平均而言，参议员或众议员会以略高于一半的几率投票支持烟草工业。

我们使用多层模型的第二个理由是数据的结构特性。单层次一般最小二乘法模型的重要假设之一是各项观察值（以及误差项）彼此独立。但当数据出现嵌套结构时，这一假设即被违反。较高的组间相关系数同样提示我们数据中的各项观察值之间并不彼此独立的状况，即数据的聚类本质。相较其他州（如马萨诸塞州），来自北加利福尼亚州的议员拥有更多的相同属性。政治的地方化导致各州特征如同个体特征一样影响着政治行为。

多层次模型放松独立性假设并允许相关误差结构的存在，若 OLS 被错误地运用于这类带相关误差项的聚类数据，则会低估标准误，加大犯第一类错误的几率，而使用多层次模型则可使估计正确无偏误。

最后但最重要的考虑因素为理论因素。一旦假设研究者使用的理论框架或建构的理论为多层次运作，则应使用多层次模型。这一标准看似显而易见，但如第 1 章所讨论的，单层次的数据收集和分析被运用于多层次理论的情况亦相当普遍。

以烟草控制研究为例，立法员所在的州会影响其对烟草法案的态度，这是一个合理的假设。具体而言，我们会检验这一假设：相对于无烟草种植经济的州，那些烟草种植经济较强的州的立法员更有可能在投票中支持烟草工业。

我们已通过例子讨论了建立多层次模型的三项考虑。首先，实证考虑主要是用画图工具拟合数据，观察各州（第二层)投票行为(第一层)的显著不同。较大的组间相关系数也确认了这一点。其次,统计考虑则是意识到研究中的各项个案并不彼此独立,它们通过州而聚类,从而容易导致相关误差。最后,我们的理论考虑是多层次模型可以测量各州的特征如何影响投票行为。

从简单模型到复杂模型

建立多层次模型并不存在一种最好的办法。研究者应该考虑其研究问题是什么,其分析是解释性的还是验证性的,其分析重点是参数估计、模型拟合还是预测,从而使用自己的步骤去建立模型(Harrell,2001)。但较典型的方法是由下而上地建立模型。由第一层次的自变量出发,当第一层次被满足时,考虑潜在的第二层次自变量。同时,首先考虑仅将截距作为二层自变量结果的多层次模型,当有实证或理论证据时,再引入斜率也作为二层自变量结果的模型。我们使用烟草控制研究的数据来展示这三个步骤。在建立模型的同时,我们将讨论其他重要的统计因素,如估计技术、假设检验、效应规模、模型诊断和预测。

第一步是建立一个只含第一层预测因素的简单模型,称为"模型 1"。

$$\text{VotePct} = \beta_{0j} + \beta_{1j} (\text{Party})_{ij} + \beta_{2j} (\text{Money})_{ij} + r_{ij}$$

$$\beta_{0j} = \gamma_{00} + u_{0j}$$

$$\beta_{1j} = \gamma_{10} + u_{1j} \qquad [2.6]$$

$$\beta_{2j} = \gamma_{20} + u_{2j}$$

　　此方程含有两个一层预测因素,分别为政党(Party:0＝民主党;1＝共和党)和资金(Money:从烟草工业政治行动委员会接受的资金数额,单位为千美元)。尽管我们允许一层的截距和斜率在州际变动,但此处我们并未引入二层自变量。因此,模型1有三项固定效应和四项随机效应(一项截距、两项斜率以及一项一层误差)。混合效应模型对此有更清晰的显示:

$$
\begin{aligned}
\text{VotePct} = {}& \gamma_{00} + \gamma_{10}\,(\text{Party})_{ij} + \gamma_{20}\,(\text{Money})_{ij} \\
& + u_{0j} + u_{1j}\,(\text{Party})_{ij} \\
& + u_{2j}\,(\text{Money})_{ij} + r_{ij}
\end{aligned}
\qquad [2.7]
$$

　　表2.6和表2.7分别是HLM和R的模型1的部分输出结果。HLM输出结果的第一部分是摘要信息,它不仅对再次分析有用,而且也可用于确保程序估计的是正确模型。

　　拟合多层次模型的关键在于估计其统计参数,即固定效应的回归参数(γ)以及随机效应的方差分量。应该注意,第二层误差(表中的U0、U1、U2)本身并非统计参数,而是期望均值为0、方差为σ_u^2的潜在随机变量。

　　γ_{00}的估计值为0.22,它并不再是投票百分比的总体均值,而是在自变量皆取值为0时,投票百分比的期望值。对于本数据,它意味着未从烟草工业政治行动委员会获得任何资金支持的民主党议员支持烟草工业的投票比例平均仅为22％。γ_{10}的估计值为0.48,这告诉我们,相较民主党,共和党支持性投票的比例高出48％。而$\gamma_{20} = 0.0046$则表示议员每接受1000美元的资金支持,其支持性投票会增长约0.46％。

表 2.6　模型 1 的部分 HLM 输出结果

问题：ANALYSIS 2-2A-LEVEL-1 MODEL；ML
　　数据来源＝ Sage1. ssm
　　命令文件＝ whlmtemp. hlm
　　输出文件＝ G:\HLM\analyses\an12-2a. out
　　二层单位最大数目＝ 50
　　迭代最大数目＝ 2000
　　估计方法：完全最大似然方法
　　结果变量为 VOTEPCT
固定效应模型：

第一层系数		第二层自变量	
INTRCPT1,	B0	INTRCPT2,	G00
PARTY slope,	B1	INTRCPT2,	G10
MONEY slope,	B2	INTRCPT2,	G20

模型设定总结（函数形式）
第一层模型
　　$Y＝B_0＋B_1*(PARTY)＋B_2*(MONEY)＋R$
第二层模型
　　$B_0＝G_{00}＋U_0$
　　$B_1＝G_{10}＋U_1$
　　$B_2＝G_{20}＋U_2$

结果变量为 VOTEPCT
对固定效应的最终估计（稳健标准误）

固定效应	系数	标准误	T 比值	自由度	P 值
INTRCPT1, B0					
INTRCPT2, G00	0.219654	0.024514	8.960	49	0.000
PARTY slope, B1					
INTRCPT2, G10	0.480382	0.021969	21.866	49	0.000
MONEY slope, B2					
INTRCPT2, G20	0.004650	0.000416	11.185	49	0.000

对方差分量的最终估计：

随机效应		标准差	方差分量	自由度	卡方	P 值
INTRCPT1,	U0	0.13660	0.01866	37	122.02858	0.000
PARTY slope,	U1	0.08967	0.00804	37	67.04921	0.002
MONEY slope,	U2	0.00125	0.00000	37	36.84181	＞0.500
Level-1,	R	0.16379	0.02683			

协方差分量模型
注：离差＝－332.009660；估计参数数目＝10。

表 2.7　模型 1 的部分 R 输出结果

最大似然估计的线性混合效应模型

数据	RSGrp		
	AIC	BIC	对数似然
	−308.5973	−265.9253	164.2987

随机效应：

　　函数：~money ＋ party｜state

　　结构：一般正定矩阵，Log-Cholesky 参数化

	标准差	Corr	
		(Intr)	money
（截距）	0.134575268		
money	0.001357522	−0.713	
partyRepublican	0.086057425	−0.813	0.436
残差	0.163656400		

固定效应：votepct ~ money ＋ party

	值	标准误	自由度	t 值	p 值
（截距）	0.2184723	0.024406748	475	8.951306	<0.0001
money	0.0045613	0.000511181	475	8.923085	<0.0001
partyRepublican	0.4824129	0.021664475	475	22.267461	<0.0001

相关：

	（截距）	money
money	−0.402	
partyRepublican	−0.703	−0.029

标准化组内残差：

最小值	第一四分位	中值	第三四分位	最大值
−3.62445062	−0.59380990	−0.01877607	0.54601215	4.46844056

样本量：527

组数：50

　　对于模型的随机效应部分，我们考虑其方差分量，因而不能以"效应"解释，相反，非零的方差分量表明有未被模型化的差异存在。这一信息可帮助决定是否仍需添加其他变量到模型中的问题，或决定是否应停止增加变量。相对较大的一层（0.027）和二层（0.019）方差分量提示我们，可考虑在模型中加入更多的自变量。

模型估计

拟合基本多层次模型最常用的方法是各类最大似然估计法。如上述输出结果所示，一层模型是用最大似然法（ML）进行拟合的，而另一个高度相关的常用方法是约束最大似然法（REML）。那么这两种方法有何不同，而我们在使用中又该如何选择呢？实际上，这两种方法会给出完全相同的固定效应估计，而其最大的不同则在于如何计算方差分量。约束最大似然法在估计方差分量时，由于考虑固定效应的自由度，因而能得出相对于完全最大似然法偏误较小的随机效应估计。然而该差别相对较小，尤其在二层单位较多，比如超过 30 个的情况下，则可忽略不计（Snijders & Bosker，1999）。而最大似然法的优势则在于其离差统计量可用于比较两个模型中的固定效应和随机效应（见后文的模型拟合度检验）。

表 2.8 分别使用最大似然法和约束最大似然法对第一层模型的随机效应进行部分估计。可以看出，由于数据中有较多的第二层单位（50 个），两种方法的结果差异非常细微，不会导致模型建构和解释的任何不同。因此在大多数情况下，我们都使用最大似然估计，除非第二层单位非常少，从而导致两种方法的结果大不相同。

模型中的方差分量皆大于 0，说明仍存在相当的方差未被模型化。于是我们引入一个二层自变量，即各州收获烟草的土地面积（模型 2 和模型 3）。首先，只考虑该变量影响第一层次截距（β_{0j}）的情况：

表 2.8   **ML 与 REML 对随机效应估计的比较**

随机效应	完全最大似然法 (ML)			约束最大似然法 (REML)		
	方差分量	卡方	p 值	方差分量	卡方	p 值
截距	0.01866	122.03	0.000	0.01942	122.05	0.000
政党斜率	0.00804	67.05	0.002	0.00860	66.96	0.002
资金斜率	0.00000	36.84	>0.500	0.0000	36.73	>0.500
第一层	0.02683			0.02686		

$$\text{VotePct} = \beta_{0j} + \beta_{1j}(\text{Party})_{ij} + \beta_{2j}(\text{Money})_{ij} + r_{ij}$$
$$\beta_{0j} = \gamma_{00} + \gamma_{01}(\text{Acres})_j + u_{0j}$$
$$\beta_{1j} = \gamma_{10} + u_{1j} \qquad [2.8]$$
$$\beta_{2j} = \gamma_{20} + u_{2j}$$

引入截距模型（第二个方程），我们即可测量投票行为间的差异在多大程度上可以由州内烟草经济的扩展来解释。

在逻辑上进一步扩展该模型，允许烟草种植英亩数影响第一层自变量政党和资金的斜率，则得到：

$$\text{VotePct} = \beta_{0j} + \beta_{1j}(\text{Party})_{ij} + \beta_{2j}(\text{Money})_{ij} + r_{ij}$$
$$\beta_{0j} = \gamma_{00} + \gamma_{01}(\text{Acres})_j + u_{0j}$$
$$\beta_{1j} = \gamma_{10} + \gamma_{11}(\text{Acres})_j + u_{1j} \qquad [2.9]$$
$$\beta_{2j} = \gamma_{20} + \gamma_{21}(\text{Acres})_j + u_{2j}$$

斜率模型（模型 3）不仅测量在一个州内烟草种植英亩数对投票行为的影响，而且还测量其与其他两个第一层自变量的交互作用。此处的参数 γ_{11} 和 γ_{21} 都表示层间交互作用，即第二层特征对第一层关系的影响。该模型的混合效应形式如下：

$$
\begin{aligned}
\text{VotePct} = {} & \gamma_{00} + \gamma_{01}\,(A)_j + \gamma_{10}\,(P)_{ij} + \gamma_{11}\,(A)_j\,(P)_{ij} \\
& + \gamma_{20}(M)_{ij} + \gamma_{21}(A)_j(M)_{ij} \qquad\qquad [2.10] \\
& + u_{0j} + u_{1j}(P)_{ij} + u_{2j}(M)_{ij} + r_{ij}
\end{aligned}
$$

其中,A 为英亩数,P 为政党,M 为资金。

模型检验:假设检验

表 2.9 报告了以上三个模型的重要估计结果。为了理解这些结果,我们需弄清在多层次分析中如何进行参数估计的假设检验和模型比较。固定效应参数的显著性检验与多元回归类似。在 HLM 中,估计的参数系数除以标准误则可得到自由度为 $J - p - 1$ 的 t 值,其中 J 代表第二层单位的个数,p 代表第二层自变量的个数。大部分其他多层次软件都可用最大似然法 Wald 检验对固定效应参数进行显著性检验(Hox,2002),而 Wald 检验则可被看做标准正态分布的 Z 值。

除在 HLM 中外,Wald Z 检验也相似地被应用于检验方差分量。HLM 则假设方差并非服从正态分布,而代之以残差的卡方检验。解释方差分量的显著性时应注意以下几点:首先,方差以 0 为界,因而不服从正态分布。更重要的是显著的方差分量意义并不明确。归根结底,我们期待方差并不为 0。因而,与效应规模类似,我们可以对方差分量进行显著性检验或建立置信区间,但较其显著性,关注其大小显得更有意义(这也是 R 与 S-Plus 中的 *nlme* 不报告方差分量的标准误或显著性检验的原因)。

表 2.9 三个模型的参数估计与模型拟合比较

固定效应	模型 1				模型 2				模型 3			
	系数	标准误	T 比值	p	系数	标准误	T 比值	p	系数	标准误	T 比值	p
对截距的估计(β_{0j})												
截距(γ_{00})	0.2196	0.0245	8.96	0.000	0.2168	0.0240	9.05	0.000	0.1828	0.0205	8.90	0.000
英亩数(γ_{01})					0.0005	0.0001	3.51	0.001	0.0027	0.0005	5.10	0.000
对政党斜率的估计(β_{1j})												
政党(γ_{10})	0.4804	0.0220	21.87	0.000	0.4793	0.0220	21.84	0.000	0.5066	0.0215	23.53	0.000
英亩数(γ_{11})									−0.0016	0.0004	3.60	0.001
对资金斜率的估计(β_{2j})												
资金(γ_{20})	0.0046	0.0004	11.18	0.000	0.0045	0.0005	8.18	0.000	0.0049	0.0005	8.80	0.000
英亩数(γ_{21})									−0.00002	0.0000	5.50	0.000

随机效应	模型 1				模型 2				模型 3			
	标准差	方差分量	卡方	p	标准差	方差分量	卡方	p	标准差	方差分量	卡方	p
对截距的估计(u_{0j})	0.1366	0.0187	122.0	0.000	0.1310	0.0172	111.4	0.000	0.0978	0.0096	84.1	0.000
对政党斜率的估计(u_{1j})	0.0897	0.0080	67.0	0.002	0.0900	0.0081	67.1	0.002	0.0705	0.0050	54.8	0.023
对资金斜率的估计(u_{2j})	0.0012	0.0000	36.8	>0.50	0.0014	0.0000	36.0	>0.50	0.0009	0.0000	29.2	>0.50
第一层等式(e_{ij})	0.1638	0.0268			0.1636	0.0268			0.1628	0.0265		

模型拟合	模型 1				模型 2				模型 3			
	离差	参数	AIC	BIC	离差	参数	AIC	BIC	离差	参数	AIC	BIC
	−332.0	10	−312	−269.3	−334.5	11	−312.5	−265.5	−353.8	13	−327.8	−272.3

表 2.9 说明政党和资金都是非常显著的第一层自变量（$p < 0.001$），截距模型（模型 2）显示烟草种植英亩数同样显著，尽管其影响相对较弱。当一个州的烟草收割面积增加 1000 英亩时，支持烟草工业的投票会增加 0.05%。

斜率模型（模型 3）则展示了政党、资金和烟草经济间相对更复杂的关系。模型结果显示，烟草经济不仅显著影响州内的平均投票比例（截距效应），同时也存在显著的层级间交互作用。交互项的负值系数表明，烟草种植的出现会降低共和党以及烟草工业资金支持对投票行为的影响。有趣的是，在引入交互作用后，截距效应从 0.0005 变至 0.0027，增长了五倍多。

在某些情况下，我们很难从一个复杂的多层次模型中追踪到所有效应，因而有必要基于参数估计构建简单的预测方程。例如，图 2.5 反映了在三个不同的烟草种植英亩数下，民主党议员的平均投票比例。底部的实线是在诸如伊利诺伊这样无烟草种植的州中，烟草工业资金支持对投票行为的

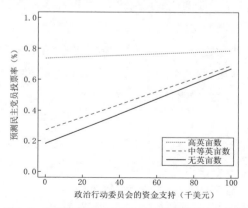

图 2.5　根据英亩数对民主党员支持性投票率的估计

影响;中部虚线则反映乔治亚等烟草种植情况一般(33000 英亩,1999 年)的州中的此项关系;顶部点线则是北加利福尼亚等烟草收割面积超过 200000 英亩的地区的同类关系情况。该图说明,一般而言,所获资金支持越多,民主党议员越有可能在投票中支持烟草工业。然而州内烟草种植英亩数的扩张调停了这一关系:在烟草收割面积较大的州,支持性投票率会偏高(较高截距),然而同时,资金支持对议员的影响却会减弱(较浅斜率)。

模型拟合度检验——离差和判定系数

模型构建和检验的另一个重要方面是看模型与数据拟合得是否紧密。最大似然估计会产生似然值估计量,事实上,它是多层次回归的最大似然估计中被最小化的部分。若对其取自然对数并乘以-2,则得到似然值的转化形式,称为离差。离差是对数据和模型间未被拟合部分的测量,对于单个模型,离差统计量缺乏直接的解释,但在多层次模型中,它常被用于模型的比较。

模型比较适用于拟合自同一数据集的两个模型,并且要求其中一个模型是另一个模型的子集(包含较少参数)。各模型离差间的差异服从卡方分布,其自由度为模型参数数量之差。

例如表 2.9 显示,模型 1 的离差为-332,模型 2 的离差为-334.5。较小的离差说明较好的拟合程度,而在嵌套模型中,参数较多的模型总是会有较小的离差。两个模型离差间的差异为 2.5,相对于自由度为 1(11 个参数-10 个参数)

的卡方分布,该差异并不显著($p = 0.114$),这说明没有证据显示模型 2 比模型 1 提供了更好的数据拟合。然而斜率模型(模型 3)却具有显著的优越性($353.8 - 332 = 21.8$,$df = 3$,$p < 0.001$)。所以,若我们使用烟草收割面积作为二层自变量,则数据结果显示,它既影响第一层自变量的截距,同时又影响其斜率。

表 2.10　用于计算 R_1^2 和 R_2^2 的值

模　　型	$\hat{\sigma}_r^2$	$\hat{\sigma}_{u_0}^2$	H
基线模型:完全无限制	0.093	0.035	6.23
比较模型:第二层斜率	0.028	0.005	6.23

使用离差的缺陷在于,当模型引入更多参数时,离差必然减小。为了最大程度地拟合数据,离差当然是越小越好,然而我们同时也要求模型尽量简洁,即运用最少的参数来最大化地解释数据中因变量的变动。以离差测量为基础,考虑到使用大量参数的不利因素,我们构建了另外两项模型拟合指标:赤池信息准则和贝叶斯信息准则(Akaike, 1987;Schwarz, 1978)。HLM 并不直接输出 AIC 和 BIC,但其计算却相当容易:

$$\text{AIC} = -2LL + 2p$$
$$\text{BIC} = -2LL + p\ln(N) \qquad [2.11]$$

其中,p 是模型中参数的总量,而 N 为样本量。BIC 并不是为多层次模型而专门设计,因而其应使用的样本规模并不明确。辛格和威利特(Singer & Willett, 2003)认为应该使用第一层样本量,在此我们听从该建议。同离差一样,较低的 AIC 和 BIC 显示较高的模型拟合程度,而 AIC 和 BIC 的优势在于,它们可用于比较两个互不嵌套的模型。表 2.9 中计算所得的 AIC 和 BIC 证实了我们早先所做的选择,说明模型 3 是最好的模型,它有最小的 AIC 值及 BIC 值。

在一般 OLS 回归中,判定系数 R^2 被用于衡量模型的拟合程度,代表因变量的方差中被模型自变量所解释的部分。在多层次模型中,由于两方面的原因,R^2 的使用更为复杂:首先,多层次模型的每一层次都有一个单独的 R^2;其次,若在多层次模型中使用传统方法计算 R^2,则有可能出现增加自变量反而导致较小的或负的 R^2,这显然是不合理的。斯尼德斯与博斯克(Snijders & Bosker, 1999)的工作使我们可以相对直接地对每一层次测量 R^2,并使测量可得到解释。

我们并不将 R^2 简单地解释为方差比例,在多层次模型中,我们将其看做预测误差的比例性减少。由于一个模型中的残差项表示模型和数据之间未被拟合的部分,因而拟合得较好的模型相对而言总是会有较小的残差。因而在二层模型中,我们有两种评价模型拟合优度的办法:首先,对第一层模型,R_1^2 是预测个体结果时削减误差的比例;对第二层模型,R_2^2 则是预测群体(第二层单位)均值时的削减误差比例。

根据拟合模型的输出结果,这些统计值相对易于计算。对于第一层模型,我们首先计算残差项的方差:

$$\text{var}(\text{residuals})_1 = \sigma_r^2 + \sigma_{u_0}^2 \qquad [2.12]$$

然后,我们分别计算基线模型和比较模型的这一方差值。基线模型常常是零模型或完全自由模型,其中不包含任何第一层或第二层的自变量。而第一层预测削减误差比例则为:

$$R_1^2 = 1 - \frac{(\hat{\sigma}_r^2 + \hat{\sigma}_{u_0}^2)\text{Comparison}}{(\hat{\sigma}_r^2 + \hat{\sigma}_{u_0}^2)\text{Baseline}} \qquad [2.13]$$

若比较模型对数据拟合得较好,则第一层残差的方差较小,得出较大的 R_1^2。

对第二层模型的拟合优度检验遵循类似的法则。我们首先确定第二层残差的方差公式为:

$$\text{var(residuals)}_2 = \frac{\sigma_r^2}{n} + \sigma_{u_0}^2 \qquad [2.14]$$

其中,n 是二层单位中一层单位的期望数目。分别对基准模型和比较模型计算样本的此项方差,我们可以得到第二层预测削减误差的比例:

$$R_2^2 = 1 - \frac{(\hat{\sigma}_r^2/\tilde{n} + \hat{\sigma}_{u_0}^2)\text{Comparison}}{(\hat{\sigma}_r^2/\tilde{n} + \hat{\sigma}_{u_0}^2)\text{Baseline}} \qquad [2.15]$$

多层次模型的基本输出结果提供 $\hat{\sigma}_r^2$ 和 $\hat{\sigma}_{u_0}^2$ 的值。然而研究者还需提供 $\tilde{n}$ 的值,它代表任意二层单位中一层单位的典型个数。它可以来自理论,也可来自总体中样本量的期望值。在缺乏理论指引的情况下,若数据中的组规模各不相同,则可以使用第二层单位样本量的调和均值:

$$H = \frac{k}{\sum_1^k (1/n_j)} \qquad [2.16]$$

其中,k 是第二层单位的数量。若第二层单位的样本量并未过于不均衡,则组规模的简单均值和该调和均值会比较接近,从而可以替代调和均值。

计算 R_1^2 和 R_2^2 的唯一麻烦出现在使用斜率模型时。此时除截距的第二层方差($\sigma_{u_0}^2$)外,每个斜率也会有方差,如 $\sigma_{u_1}^2$、

$\sigma_{u_2}^2$ 等,但上述方程却只使用了截距方差。怎样处理这一问题呢? 斯尼德斯与博斯克(Snijders & Bosker,1999)建议去除随机斜率并重新拟合模型,从而仅仅生成计算所需要的两部分方差,而并不显著改变实际的参数估计。

以烟草投票行为研究为例,我们试图评估二层斜率模型(模型3)在预测个体投票行为以及州平均投票行为时的拟合优度。表2.10 显示了评估所需的方差分量以及调和均值(根据斯尼德斯和博斯克的建议,我们将政党和资金作为固定效应而非随机效应重新拟合斜率模型,因而模型仅含两个方差分量:$\hat{\sigma}_r^2$ 和 $\hat{\sigma}_{u_0}^2$)。

使用本数据,$R_1^2 = 1 - [(0.028 + 0.005)/(0.093 + 0.035)] = 0.742$ [①]。在第二层中,R_2^2 是 $1 - \dfrac{(0.028/6.23 + 0.005)}{(0.093/6.23 + 0.035)} = 0.81$。所以,在引入两个一层变量(政党和资金)以及一个二层变量(英亩数)后,相较零模型,比较模型的预测力被提高了大约 75% 至 80%。

模型评估:模型诊断

检验模型的潜在假设是否成立,这是多层次模型适当性检验的重要一环。有两项可做实证检验的重要假设:(1)第一层(组内)误差互相独立并且服从均值为 0 的正态分布;(2)随机效应服从均值为 0 的正态分布,并且在组间相互独立。这些假设可使用模型化过程中的一层和二层残差来评

---

① 原书中方程错误。——译者注

估。尽管此处讨论的残差分析画图技术也可由其他软件包完成,但显然 S-Plus 或 R 的 *lme* 和 *nlme* 程序更为简单和灵活。多层次模型的残差项都存储在模型拟合量里,而这些对象可以被用于那些自动知道如何处理残差的画图程序中。

使用最终模型(表 2.9 的模型 3),我们先检验第一层残差。分别对各州的残差作盒形图是一种较有效的方式(图 2.6)。这类绘图法可用于检验残差是否集中于 0(竖线)及其方差是否在各组间保持不变。根据图示,尽管差异较大,但残差项确实集中于 0,而各个州之间的方差并不相等。但由于许多州的样本量都非常小,因而我们也不能过分依赖个体层面组内方差的盒形图。图 2.6 似乎显示,顶部各州的残差项倾向于为正,而底部各州残差则多为负。但这仅仅是由于州的排列

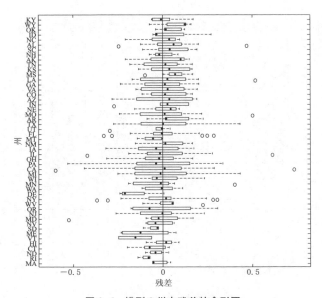

图 2.6　模型 3 州内残差的盒形图

顺序所致的假象，因为 S-Plus 从因变量的最大值开始，将各州由上而下排列。

　　另一个常用的诊断图形是标准化残差与拟合值间的散点图，这在评估异方差问题时尤其有用。图 2.7 分两个政党显示了上述散点图，它们表示该研究中的地板效应（许多民主党人会对烟草工业投反对票，但支持性投票率不会低于 0）和天花板效应（共和党人则对烟草工业投支持票，但支持性投票率不会大于 1）。这两项效应并非致命缺陷，但在第 3 章中，我们仍将讨论如何建立避免这类问题的模型。根据图示，残差集中于 0，且并未显现出严重的异方差问题，残差变化在两个政党间基本相同。最后，我们用"来自哪个州"标识了一些异常值。这些值代表那些"反对其政党"而投票的议员，

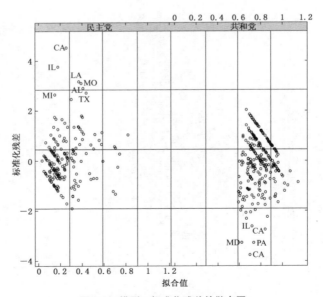

图 2.7　模型 3 标准化残差的散点图

因而并不能很好地拟合模型。有趣的是，这些异常值大多来自较大的州。

最后一个可用于考虑第一层残差的图是分位比较图，又称 QQ 图（Cleveland，1993）。该图可用于评估数据分布的正态性。若数据呈正态分布，则它们在 QQ 图中会沿一条直线排列。图 2.8 说明了我们关于烟草投票行为研究的数据，其第一层残差基本服从正态分布，仅有民主党人顶端和共和党人底端的部分极端值不服从正态分布。这些值事实上也就是图 2.7 中的异常值。

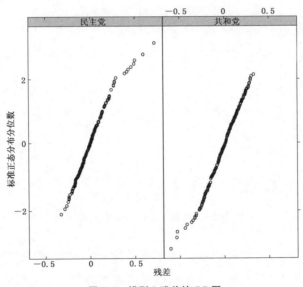

图 2.8   模型 3 残差的 QQ 图

我们可以使用同类型的图形来检测第二层随机效应的假设。它们同样被假设服从于均值为 0 的正态分布。由于我们的模型有三项随机效应（截距、资金斜率、政党斜率），因而我们需要逐一检验。图 2.9 是对每个随机效应分别画的一系列 QQ 图。政党效应接近于正态分布,尽管图中直线不如上图平滑,但我们应注意,相对于 527 个第一层残差,此处仅有 50 个第二层残差。

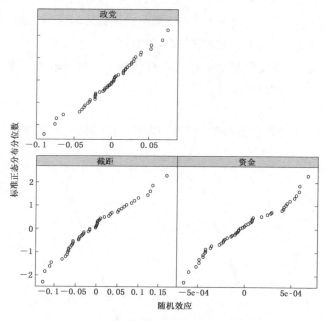

图 2.9   模型 3 随机效应的 QQ 图

最后,我们使用散点图矩阵来检验随机效应是否集中化,同时亦检验随机效应是否在组间彼此独立。如图 2.10 所示,这些随机效应确实集中于 0,而且并不存在严重的异方差问题。然而,在截距和资金之间以及截距和政党之间都存在着相对较大的负相关关系,而资金和政党并不彼此相关。这些关系也可能是地板效应和天花板效应的副产品。

除了上述路径之外,还存在一些读者可能感兴趣的模型诊断法。例如在多层次模型中,检验第二层单位的影响统计量也很有意义。本书不再对此进行讨论,但读者可从斯尼德斯和博斯克(Snijders & Bosker,1999:chpt.9)的著作中找到其步骤的简介。

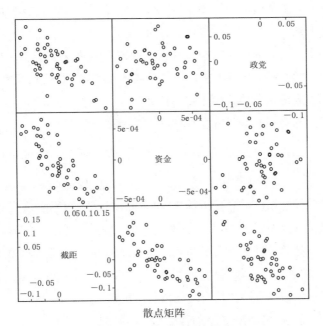

散点矩阵

图 2.10　模型 3 估计随机效应的散点矩阵

预测:后验均值

尽管在大多数情况下,我们感兴趣的是模型的固定效应估计,但因为某些原因,我们仍需要对随机部分进行检验,尤其当我们期望得知第一层模型的截距、斜率在第二层单位间变化的具体情况时。这个过程被称做"经验贝叶斯估计"
(Armitage & Colton，1998)。

试想表 2.1 顶部的完全自由模型。γ_{00} 是决定截距的固
定效应，也是 Y_{ij} 的总体均值。然而，u_{0j} 说明各组围绕总体
均值发生变化。若我们希望对某一特定二层单位计算 β_{0j}，
则可以简单计算 $\bar{Y}_j$，即该二层单位的均值。若对该组数据
本身简单进行 OLS 回归，我们同样会得到这个值。然而只有
当 Y 不存在测量误差时，我们才可相信这是对特定组的估
计。而且，若特定组内 Y 的测量越不可靠，我们就越倾向于
用所有组的总体均值来作为估计。

这就是经验贝叶斯估计的主要原理：

$$\hat{\beta}_{0j}^{EB} = \lambda_j \hat{\beta}_{0j}^{OLS} + (1 - \lambda_j)\hat{\gamma}_{00} \qquad [2.17]$$

其中，λ_j 是第 j 组中 Y 的信度。若它较高(接近 1)，则截距的
经验贝叶斯估计会接近简单 OLS 的估计值；而当它较低时，
经验贝叶斯估计将以 Y 的总体均值生成拟合值。由于贝叶
斯估计总是处在组均值和总体均值之间，而且随着信度的降
低，它会偏向总体均值，所以多层次回归参数的贝叶斯估计
在单组信息及整体信息之间取得了平衡。

信度的计算方程如下：

$$\lambda_j = \frac{\sigma_{u_0}^2}{(\sigma_{u_0}^2 + \sigma_r^2 / n_j)} \qquad [2.18]$$

方程说明，某组的信度主要由组内第一层单位的数目(n_j)决
定。因而样本规模较大的组，其对模型的信息贡献率要高于
样本规模相对较小的组。例如，加利福尼亚州(55 位国会成员)
相较俄勒冈州(仅 7 位国会成员)，其投票率的测量相对可靠。

表 2.11　美国 50 个州的经验贝叶斯估计

州	立法员	截距	政党	资金	英亩数(千亩)
AK	3	0.1937	0.5086	0.0048	0.0
AL	9	0.3660	0.4168	0.0039	0.0
AR	5	0.2824	0.4753	0.0041	0.0
AZ	8	0.1969	0.4986	0.0048	0.0
CA	55	0.1570	0.5646	0.0046	0.0
CO	8	0.2086	0.5370	0.0043	0.0
CT	8	0.0664	0.5201	0.0060	3.0
DE	3	0.1107	0.4915	0.0058	0.0
FL	25	0.2054	0.4755	0.0049	5.8
GA	13	0.2322	0.4891	0.0042	33.0
HI	4	0.1873	0.5042	0.0049	0.0
IA	7	0.1241	0.4788	0.0058	0.0
ID	3	0.2249	0.5148	0.0043	0.0
IL	21	0.1901	0.5304	0.0046	0.0
IN	11	0.2731	0.5086	0.0038	6.5
KS	6	0.2518	0.4880	0.0043	0.0
KY	7	0.8259	0.1243	0.0001	221.6
LA	10	0.2943	0.4976	0.0038	0.0
MA	12	0.0595	0.5557	0.0057	1.3
MD	10	0.1177	0.4976	0.0056	6.5
ME	4	0.1135	0.4806	0.0059	0.0
MI	18	0.1542	0.5545	0.0047	0.0
MN	10	0.1933	0.4692	0.0052	0.0
MO	11	0.3270	0.4270	0.0042	2.3
MS	7	0.3157	0.4271	0.0038	0.0
MT	3	0.1526	0.5134	0.0052	0.0
NC	13	0.6767	0.2190	0.0008	207.8
ND	3	0.1440	0.5244	0.0051	0.0
NE	5	0.1680	0.5388	0.0047	0.0
NH	4	0.1898	0.5080	0.0048	0.0
NJ	15	0.1508	0.4354	0.0060	0.0
NM	5	0.1867	0.5385	0.0045	0.0
NV	4	0.1426	0.5247	0.0051	0.0
NY	32	0.0753	0.5879	0.0052	0.0
OH	20	0.1483	0.4849	0.0054	9.8

续表

州	立法员	截距	政党	资金	英亩数(千亩)
OK	8	0.2645	0.5226	0.0038	0.0
OR	7	0.1701	0.5270	0.0048	0.0
PA	23	0.1855	0.4767	0.0051	6.2
RI	4	0.0714	0.5349	0.0058	0.0
SC	8	0.3874	0.4420	0.0030	39.0
SD	3	0.1278	0.5262	0.0053	0.0
TN	11	0.3553	0.3736	0.0039	63.2
TX	32	0.3256	0.4367	0.0041	0.0
UT	5	0.1247	0.4953	0.0057	0.0
VA	12	0.3440	0.4013	0.0039	38.3
VT	2	0.1108	0.5055	0.0057	0.0
WA	11	0.1185	0.5369	0.0053	0.0
WI	11	0.1309	0.5792	0.0047	1.2
WV	5	0.2445	0.4729	0.0046	1.6
WY	3	0.2203	0.5140	0.0044	0.0

表 2.11 根据模型 3 列出了每个州的经验贝叶斯估计,各个州的议员总数以及烟草收割面积也呈现在表中。数据表明,样本量较小和烟草收割面积较少的州,其经验贝叶斯估计(EB)与拟合的 λ 值更接近。例如,将阿拉斯加州(EB-截距=0.19,EB-政党=0.51,EB-资金=0.0048)和纽约州(EB-截距=0.08,EB-政党=0.51,EB-资金=0.0052)的贝叶斯估计与模型 3 的一般估计(EB-截距=0.18,EB-政党=0.51,EB-资金=0.0049)进行对比,则发现只拥有三位国会成员的阿拉斯加州,其估计的信度最低,且其贝叶斯估计与模型 3 的整体估计相当接近。而样本规模达到 32 的纽约州,其贝叶斯估计则相对远离一般模型估计。

经验贝叶斯估计常见于两类用途:首先,收缩估计可用于检验或辨识研究者感兴趣的二层单位。例如通过表 2.11，我们可以迅速确定截距最高的州（KY，即肯塔基州），或资金与投票行为关系最显著的州（CT，即康涅狄格州；NJ，即新泽西州）。其次，我们可以通过检验所有的经验贝叶斯预测方程来探索各州模型的差异。图 2.11 显示了每个州的预测方程，并对民主党和共和党分别作图。该图清晰地表明了政党的显著作用以及资金对支持性投票的正影响。大多数州集中在较紧密的范围内，并且民主党显示出相对较大的差异性，尤其当资金金额较大时，这种不同更加明显。少数几条异常值拟合线反映了烟草经济扩张较强的州。

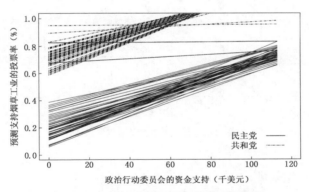

图 2.11　分政党的模型 3 的贝叶斯估计回归线

　　贝叶斯估计方程还可用于考察其对原始数据的拟合程度。图 2.12 是每个州不考虑政党的收缩估计格架图，它可找出估计方程与原始数据较接近的州。一般而言，样本量较大，资金和投票行为差异性较大的州在估计和数据之间显示出了较高的一致性。例如弗吉尼亚州和俄亥俄州，其数据和贝叶斯估计间的拟合度要高于俄勒冈州（不存在接受烟草工业资金支持的国会成员）。

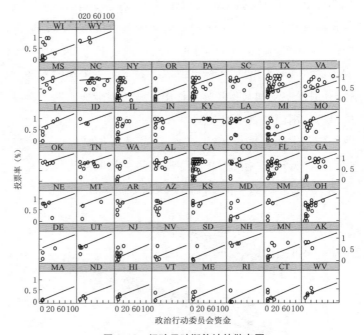

图 2.12　经验贝叶斯估计的散点图

中心化处理

　　至此，我们仍然忽略了多层次模型中的一个重要问题：第一层自变量的中心化问题。它是变量 X 减去某个有意义的常数所进行的线性转换（例如，常用的形式是减去 X 的均值）。例如，X 的总体均值中心化处理为：

$$X'_{ij} = (X_{ij} - \overline{X}..) \qquad [2.19]$$

　　X'_{ij} 即可看作偏离总体均值的离差，而不再是一个原始分数。例如,我们对资金这一变量进行总体均值中心化处理,则可将其看做相较所有国会成员接受烟草工业政治行动委员会资金支持的平均量,某一个体成员更多或较少接受资金的偏差值。若这一转化值等于 0,则说明个体接受的资金量恰好为总体均值。相较原始数值(0 表示个体从未接受此类资金),转化后的值更有意义。

事实上,中心化的一大重要作用就是提供有意义的 0 值。中心化又称"重新参数化",常被用于一般多元回归中。然而在一般多元回归中,它并不是重要的议题,因为多元回归的关键部分(如参数估计、标准误、模型拟合等)并不随着自变量的中心化而改变。

在多层次模型中,情况则大不相同。若多层次模型有随机斜率,则第一层自变量的中心化会改变模型的某些部分(而不仅仅是转化变量的解释问题)。图 2.13 反映了该情况的原因(Hox, 2002)。在该图中,X 对 Y 的斜率在不同组之间变化,因而提示我们使用有随机斜率的多层次模型。图中标识了 x 轴的两个零点。其中一个是原始的变量 X 的零点,

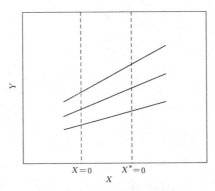

图 2.13 中心化导致的不同截距

而另一个则是 X 的某一中心化转化(X^*)的零点。请注意,两个零点所观察到的回归线的斜率的差异不同。在 X^* 的零点,斜率的差异更大,这说明第一层斜率的方差并不是常数,它会随着 X 的中心化而发生变化。若我们不拟合这样一个随机斜率模型,则三条回归线的斜率相同,从而使得斜率的方差亦不会随中心化而改变(见图 2.1)。

表 2.12 使用烟草工业投票数据进一步说明了这一情况。表的左侧是我们之前得到的最终模型(模型 3),其中第一层自变量都未进行中心化,也就是说,资金的 0 值意味着立法者未接受政治行动委员会的任何资金支持。请注意,截距的系数应被解释为所有自变量为 0 时的期望值。因而在这种情况下,我们预测从未接受资金支持的民主党国会成员,其支持性投票比为 18.3%。而表的中间部分是将资金总体均值中心化后的结果,这使得截距估计变化为 0.246。由于资金变量已被中心化,因而我们的解释也会有所不同:接受资金金额为总体平均水平的民主党国会成员,其支持性投票率约为 25%。模型中仅仅与截距相关的参数估计和方差分量发生了变化,而模型的总体拟合以及资金和政党的斜率及方差分量都未受到影响。

第一层自变量的中心化还可采用另一种常见方式。除了使用总体均值外,我们还可使用组均值:

$$X'_{ij} = (X_{ij} - \overline{X}_{.j}) \qquad [2.20]$$

组均值中心化的变量可被看作在某一特定组内与平均值之间的离差,它比总体均值中心化复杂得多。不仅其解释更为困难,而且其对多层次模型的影响也更广泛。表 2.12 的右

表 2.12　中心化与未中心化的模型比较

固定效应	未中心化 (0=未接受任何资金)		总体均值中心化 (0=接受各州间平均资金值)		组均值中心化 (0=接受各州内平均资金值)	
	系数	标准误	系数	标准误	系数	标准误
对截距的估计 (β_{0j})						
截距 (γ_{00})	0.1828	0.0205	0.2461	0.0198	0.2305	0.0224
英亩数 (γ_{01})	0.0027	0.0005	0.0024	0.0005	0.0028	0.0005
对政党斜率的估计 (β_{1j})						
政党 (γ_{10})	0.5066	0.0215	0.5066	0.0215	0.5120	0.0213
英亩数 (γ_{11})	-0.0016	0.0004	-0.0016	0.0004	-0.0017	0.0005
对资金斜率的估计 (β_{2j})						
资金 (γ_{20})	0.0049	0.0005	0.0049	0.0005	0.0044	0.0006
英亩数 (γ_{21})	-0.00002	0.0000	-0.00002	0.0000	-0.00002	0.0000
随机效应	标准差	方差分量	标准差	方差分量	标准差	方差分量
对截距的估计 (u_{0j})	0.098	0.010	0.090	0.008	0.115	0.013
对政党斜率的估计 (u_{1j})	0.070	0.005	0.070	0.005	0.069	0.005
对资金斜率的估计 (u_{2j})	0.001	0.000	0.001	0.000	0.000	0.000
第一层等式 (e_{ij})	0.163	0.026	0.163	0.026	0.163	0.027
模型拟合	离差	参数	离差	参数	离差	参数
	-353.8	13	-353.8	13	-335.6	13

侧即组均值中心化的例子。现在,我们将截距解释为接受资金数额等同于其所在州平均值的民主党国会成员,而其支持性投票行为的比例约为 23%。与总体均值中心化不同,组均值中心化会导致整个模型的参数和方差估计都发生改变。虽然在我们的例子中并未出现较大变化,但在其他研究中,情况可能会有所不同。由于这种复杂性,所以只有在存在强烈的理论动机时,才应考虑使用组均值中心化。如需要分辨组内回归和组间回归的情况,这常见于使用历时性数据构建增长曲线模型时(见下文)。又如,当我们对"蛙池效应"感兴趣时,相较个体特征对结果的影响,我们更关注个体所处环境的情况,此时,组均值中心化也是有用的途径(Hox,2002)。

多层次模型中的中心化容易含混不清,而且关于各类中心化的优势也存在不少争论。关于这一议题的讨论详见《多层次模型特刊》中的一系列论文(Kreft,1995;Longford,1989;Raudenbush,1989)。下面给出一些有用的提示。

第一,根据理论基础进行中心化的选择。尽管中心化也会有一些统计上的意义,但它应该从属于研究的科学目标。

第二,若自变量的 0 值无意义,则应对其进行中心化,从而使其截距项可进行解释。例如,李克特式变量(Likert-type)的取值范围在 1 到 7 之间,故我们不应使用其原始数值。因为若是如此,截距就应解释为当量表取值为 0 时的期望值,但整个量表却并不包含 0 值。

第三,二元变量和指标变量也可进行中心化。若对二元变量进行总体均值中心化,则实际上我们在解释截距时去除了该变量的影响。例如,在烟草数据中对政党和资本进行总体均值中心化,则得到的截距估计是 0.51。这说明,若不考虑政党,议员投票支持烟草工业的次数一般会占一半左右。

第四,总体均值中心化仅仅影响模型中与截距相关的部分。

第五,组均值中心化在某些情况下非常有用,但其只应被用于必要的场合。

第 3 章

基本多层次模型的扩展

第 1 节 | **广义多层次模型**

　　如前文所述，使用基本分层线性模型研究国会投票行为的一大缺陷在于，由于我们使用的因变量是一个比例值，因而违反了一般线性模型的正态分布以及同方差假设。而且，由于投票比例的分布是从 0 到 1，因而我们使用拟合模型得到的投票行为预测值可能超出这一范围。然而，我们却很难解释为何一个国会成员会在 120％ 的次数中对烟草工业进行支持性投票。

　　所幸，若对多层次模型进行扩展，则可处理许多不同类型的非连续变量和非正态变量，例如二元变量、比例变量、计数变量以及定序变量。这被称为"广义分层线性模型"（GHLM），它会在统计模型中对因变量进行必要的转换，并引入包含合适的误差分布。

　　以二元因变量为例来说明该问题。该变量的未转换形式取值在 0 到 1 之间，并且高度非正态分布。假设其隐含的概率分布是均值为 μ 的二项分布，则我们用 p 来估计 μ 值，并将其看做事件发生的概率。logit 是对二项模型的典型转换：

$$\text{logit}(p) = \ln\left(\frac{p}{1-p}\right) \qquad [3.1]$$

　　图 3.1 形象地表明了 logit 转换的重要作用。尽管 p 是

有界的,但 p 的 logit 转换却是无界的,而且 $\mathrm{logit}(p)$ 的概率密度更接近于正态分布。

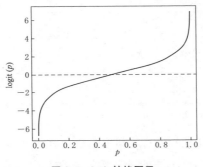

图 3.1　logit 转换图示

在广义分层线性模型中,这种转换被称做"关联函数"。我们首先使用转换式将原始的因变量 Y 与新的转换变量 η 相关联。对于二元变量,我们得到的关联函数是:

$$\eta = \mathrm{logit}(Y) \qquad [3.2]$$

接着如第 2 章所述,我们建立一个传统的第一层预测模型:

$$\eta = \beta_0 + \beta_1 X_1 + \cdots + \beta_k X_k \qquad [3.3]$$

模型中含有 k 个自变量。请注意,此处并没有第一层的误差项。对于二元(或二项)变量,其方差由其均值决定,因而误差项不用单独估计。用于预测第一层模型中 β 的二层模型只需如第 2 章所述建立即可。

对于不同的非正态分布数据,我们可以使用几种关联函数及其相关概率分布。表 3.1 列出了这些所谓的标准关联函数。广义分层线性模型的一大优点是可在这些关联函数与概率分布中选择适合研究数据与理论的部分使用。

表 3.1   GHLM 的关联函数

因变量	关联函数	公 式	概率分布
二分变量	logit	$\eta = \ln\left(\dfrac{Y}{1-Y}\right)$	二项分布
比例变量	logit	$\eta = \ln\left(\dfrac{Y}{1-Y}\right)$	二项分布
频数变量	log	$\eta = \ln(Y)$	泊松分布
次序变量	累积 logit	见 Raudenbush & Bryk, 2002:319	多项分布

注:引自 Raudenbush & Bryk, 2002:333。

以烟草工业投票行为研究为例。在第 2 章中,我们建立模型估计对烟草工业的支持性投票在总投票次数中所占的比例。然而,该比例实际上却是综合国会成员在第 105 届和第 106 届国会(从 1997 年到 2000 年)中,由一系列的个人投票行为得来的。因此,为了替代这一综合比例信息,我们使用广义分层线性模型来预测对任一法案或修正案的支持性投票的可能性。

在这个模型中,因变量投票是二元变量,若国会成员投票反对烟草工业,则编码为 0,支持烟草工业则编码为 1。我们仍试图建立多层次模型,但此时模型层次发生了改变。在模型第一层,我们测量和预测对单个法案的投票情况。而这些投票情况嵌套于每位国会成员的个人行为之中,所以此时第二层单位是个人。我们试图对某法案的支持性投票概率进行模型化,则正式模型为:

第一层:$\eta_{ij} = \text{logit}(Y_{ij})$

$\eta_{ij} = \pi_{0j}$

第二层:$\pi_{0j} = \beta_{00} + \beta_{01}\,\text{Party}_j + \beta_{02}\,\text{Money}_j + u_{0j}$

$$[3.4]$$

模型中使用了 logit 关联函数,而 Y_{ij} 是第 j 位国会成员对第 i 部法案的投票情况。模型中仅含有第二层的个体自变量,包括政党和接受的资金支持金额。如果我们有相关的法案层次的自变量(例如,该投票是针对全法案还是针对修正案,或该法案的倡议者的政党),则可进一步将其加入第一层模型中。但在本例中,我们仅估计第一层截距,即国会成员对烟草工业进行支持性投票的平均概率。请再次注意,第一层模型中不含有误差项。该模型同样仅含有一项随机效应,即个体间投票行为的差异(u_{0j})。

表 3.2 是二元投票行为数据的广义分层线性模型的拟合结果。与之前的结果一样,所有的系数都显著。然而,不同于之前可以直接解释的模型结果,现在得到的系数需要被转换成原始形式再进行解释。此处需要使用关联函数的反函数,如 logit 函数的反函数为 logistic 函数:

$$Y = \text{logistic}(\beta_0 + \beta_1 X_1 + \beta_2 X_2) = \frac{e^{(\beta_0 + \beta_1 X_1 + \beta_2 X_2)}}{1 + e^{(\beta_0 + \beta_1 X_1 + \beta_2 X_2)}}$$

$$[3.5]$$

表 3.2　二层次 GHLM 模型结果

固定效应	系数	标准误	T 比值	p
对截距的估计(π_{0j})				
截距(β_{00})	-1.721	0.0763	22.54	0.000
政党(β_{01})	2.544	0.0987	25.78	0.000
资金(β_{02})	0.0325	0.0029	11.36	0.000
随机效应	标准差	方差分量	卡方	p
截距(u_{0j})	0.834	0.696	1439.0	0.000
分散指数	0.937			
模型拟合	离差	参数	AIC	BIC
	7636.8	4	7644.8	7672.5

　　因而,为了知道从未接受资金的民主党国会成员对烟草工业进行支持性投票的预测概率(政党＝0,资金＝0),我们需要计算 $logistic(-1.721) = \left[(e^{-1.721})/(1 + e^{-1.721}) \right] = 0.152$;而对未接受资金支持的共和党国会议员(政党＝1,资金＝0),我们应计算 $logistic(-1.721 + 2.544)$,得出的预测概率为 0.695;而对接受资金 10000 美元的共和党国会成员(政党＝1,资金＝10),$logistic(-1.721 + 2.544 + 10 \times 0.0325) = 0.759$。这些结果与表 2.9 中模型 3 的结果类似。

　　绘制预测图会使广义分层线性模型的解释更为容易。图 3.2 分别显示了民主党议员和共和党议员的支持性投票概率预测。该图也强调了模型非线性的本质。此外,使用广义分层线性模型使我们的预测更有意义,并且不再超出概率的取值范围。

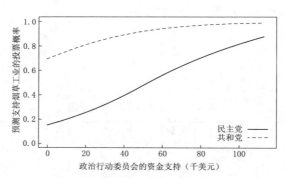

图 3.2　二层次 GHLM 模型关于投票概率的预测结果

　　前文已经指出,二项模型在第一层模型中不含单独的误差—方差项,因为方差是总体均值的函数。然而,有些软件,如 HLM 或 R、S-Plus 却会计算第一层误差方差的量化因子,用以测量观测误差在多大程度上服从理论二项误差分布。若量化因子为 1,则说明观测误差与理论分布完美拟合;若数值小于 1,则称作"低度分散",大于 1 则为"过度分散"。过度分散和低度分散表明模型可能存在设定误差、大影响的异常值,或是缺少某个关键层级。分散指数是对二元/二项模型的一个很好的诊断,若出现较大或较小的值,则应对模型进行严格的检验。表 3.2 显示分散指数为 0.94,属于轻微的低分散情况,可能不足以造成较大问题。

我们应该注意广义分层线性模型中的离差、赤池信息准则、贝叶斯信息准则的解释问题,因为它们不适合用最大似然法和约束最大似然法进行估计。相反,许多软件包使用惩罚性准似然估计(PQL)。它输出似然值的渐进近似,因而离差以及在离差基础上获得的信息统计值(如赤池信息)都不再可靠,尤其当样本量很小时。其技术细节和其他非线性估计技术在劳登布什和布雷克的著作(Raudenbush & Bryk,2002)以及皮涅罗和贝茨的著作(Pinheiro & Bates,2002)中可以找到。

第 2 节 ｜ 三层模型

之前我们考虑的仅是二层模型。首先在第 2 章中，我们认为个体层面的投票行为受到州一级的因素影响。接着在第 3 章中，我们对单个法案的投票结果进行模型化，并认为其受到个体层次特征的影响。如前文所讨论的，使用广义分层线性模型拟合二元投票行为具有相当的统计优势。然而，仅仅使用二层模型将投票行为看做个体属性的函数却不允许我们测量这些个体属性（如政党和资金）在州一级的随机效应。

所幸分层线性模型和广义分层线性模型可以处理二层以上的更多层次。在社会和科学研究中，三层模型并非罕见。例如，教育的数据常在三个层次上收集：学生嵌套于班级，而班级又嵌套于学校。构建三层模型所需考虑的问题基本与二层模型相同，但应特别注意清楚地定义和合理地测量各层的假设效应。

尽管从二层模型到三层模型的统计扩展看来相对直接，但要清楚地说明随机效应却并不十分容易。在二层模型中，一层截距和斜率在第二层中是随机的。但在三层模型中，其一层截距和斜率在第二层和第三层中都是随机的（此处的随机意味着第一层截距和斜率在高层的各单位间变动）。假设我们对不同学校、不同班级的阅读能力感兴趣，并假设平均阅读成绩（第一层截距）和社会经济地位指数（SES）对阅读能力的影响（第一层斜率）在班级（第二层）和学校（第三层）之间各不相同。

此外，二层模型中的自变量也可在第三层单位变动。若我们在第二层中加入教师经验，且假设其影响在学校间不同，则在第三层模型中，应将其作为随机效应引入。对于此例，方程 3.6 是可能的分层线性模型：

$$第一层：Y_{ijk} = \pi_{0jk} + \pi_{1jk} (\text{SES})_{ijk} + \varepsilon_{ijk}$$

$$第二层：\pi_{0jk} = \beta_{00k} + \beta_{01k} (\text{Exp})_{jk} + r_{0jk}$$

$$\pi_{1jk} = \beta_{10k} + \beta_{11k} (\text{Exp})_{jk} + r_{1jk}$$

$$第三层：\beta_{00k} = \gamma_{000} + u_{00k} \qquad [3.6]$$

$$\beta_{01k} = \gamma_{010} + u_{01k}$$

$$\beta_{10k} = \gamma_{100} + u_{10k}$$

$$\beta_{11k} = \gamma_{110} + u_{11k}$$

此处的 Y_{ijk} 是第 k 所学校第 j 个班级中第 i 名学生的阅读成绩。社会经济地位指数（SES）是第一层自变量，教师经验（Exp）是第二层自变量。所有第一层、第二层的截距和斜率皆被处理为随机效应。这组方程可转化为混合模型方程：

$$Y_{ijk} = \gamma_{000} + \gamma_{010} (\text{Exp}) + \gamma_{100} (\text{SES}) + \gamma_{110} (\text{Exp})(\text{SES})$$
$$+ u_{00k} + u_{01k} (\text{Exp}) + u_{10k} (\text{SES}) + u_{11k} (\text{Exp})(\text{SES})$$
$$+ r_{0jk} + r_{1jk} (\text{SES}) + \varepsilon_{ijk}$$

$$[3.7]$$

方程 3.6 清楚地表明了模型的层次，并且显示第一层和第二层各有一个自变量。而方程 3.7 则使模型的四项固定效应与七项方差分量（随机效应）更清晰。尤其是固定效应的层间交互作用（γ_{110}），在方程 3.6 中很容易被忽略。

广义分层线性模型同样可以被扩展至三层。我们的投票行为数据就为三层二元模型提供了很好的例子。之前我们曾对数据做了两个不同的二层拟合：一个是将国会成员嵌套于州内，另一个则是将对法案的个人投票嵌套于国会的每一个成员中。结合这两项考虑，我们可以构建一个三层模型，其中个人投票嵌套于国会成员中，而国会成员又嵌套于州内。

方程 3.8 是这一统计模型的正式形式。我们仍然使用带 logit 关联函数的二项模型。政党和资金支持是国会成员层次（第二层）的自变量，英亩数是第三层次的自变量，而且我们假设其只影响二层截距，并不影响二层斜率。

$$
\begin{aligned}
\text{第一层：} \ & \eta_{ijk} = \text{logit}(Y_{ijk}) \\
& \eta_{ijk} = \pi_{0jk} \\
\text{第二层：} \ & \pi_{0jk} = \beta_{00k} + \beta_{01k}\,(\text{Party})_{jk} \\
& \qquad + \beta_{02k}\,(\text{Money})_{jk} + r_{0jk} \\
\text{第三层：} \ & \beta_{00k} = \gamma_{000} + \gamma_{001}\,(\text{Acres})_k + u_{00k} \\
& \beta_{01k} = \gamma_{010} + u_{01k} \\
& \beta_{02k} = \gamma_{020} + u_{02k}
\end{aligned}
\qquad [3.8]
$$

方程 3.9 是单个混合模型方程，它表明模型有四项混合效应和四项随机效应。由于英亩数只被允许影响截距，因而不存在层间交互效应。

$$
Y_{ijk} = \text{logistic}
\begin{pmatrix}
\gamma_{000} + \gamma_{001}\,(\text{Acres})_k + \gamma_{010}\,(\text{Party})_{jk} + \gamma_{020}\,(\text{Money})_{jk} \\
u_{00k} + u_{01k}\,(\text{Party})_{jk} + u_{02k}\,(\text{Money})_{jk} + r_{0jk}
\end{pmatrix}
$$

$$[3.9]$$

  表 3.3 是对该模型的拟合结果,它们与之前模型的结果非常一致。政党、资金和烟草收割面积都是投票行为的显著影响变量。三层模型中,资金的效应略小于二层模型,这可能是由于资金的部分效应被州内的烟草经济解释了——那些所在州内存在烟草工业的议员相较其他不存在烟草工业的州的议员,所接受的资金金额较高。图 3.3 是拟合模型的预测图,其中包含三个级别的烟草经济。图形的大致形状(政党和资金的影响)与二层模型类似。该图说明,尽管烟草经济在模型中是显著变量,但除非烟草收割面积较大,例如达到 100000 英亩,否则其作用微乎其微。因而对大多数州而言,只有政党和资金支持的作用是值得考虑的。

表 3.3 三层 GHLM 模型结果

固定效应	系数	标准误	T 比值	p
对截距的估计(π_{0jk})				
对截距的估计(β_{00k})				
截距(γ_{000})	-1.644	0.1413	11.62	0.000
英亩数(γ_{001})	0.0060	0.0020	2.96	0.005
政党(γ_{010})	2.450	0.1144	21.41	0.000
资金(γ_{020})	0.0249	0.0035	7.04	0.000

随机效应	标准差	方差分量	卡方	P
截距—1(r_{0j})	0.647	0.419	781.7	0.000
截距—2(u_{00})	0.770	0.593	89.7	0.000
斜率—政党(u_{01})	0.397	0.158	47.4	0.117
斜率—资金(u_{02})	0.011	0.000	37.5	0.448
分散指数	0.943			

模型拟合	离差	参数	AIC	BIC
	7615.8	5	7625.8	7660.4

  拟合模型的另一个重要部分是随机效应。在二层模型中,个人层次模型的标准差是 0.834,而在三层模型中,个人

层次差异相对较低(0.647),事实上小于组间差(0.770)。这说明州与州之间投票行为的差异大于州内部议员投票行为间的差异。而两个个人层次斜率的随机效应都小于截距,正支持了我们不将英亩数作为斜率的自变量的假设。

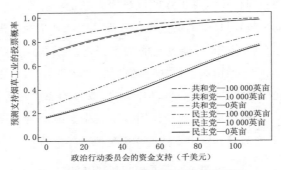

图 3.3   三层 GHLM 模型对投票概率的预测

第 3 节 | 分层纵向数据:嵌套于 个体的时点

在使用多层次模型时,常见的是个体对象嵌套在一个物理或社会环境中的情况,例如街区中的个人或健康维护组织中的医院(见表 1.2)。然而,如同个体对法案的投票行为研究一样,多层次模型也可用于多项观察嵌套于单一对象的情况。尤其当我们的研究兴趣为历时性变化的结构和影响因素时,多层次模型可用于分析纵向数据。

相对于传统分析方法,多层次模型在研究纵向数据时具有诸多优势。图 3.4 是典型历时性研究中可能经常出现的散乱数据。第 001 号对象代表一种理想状况,即参与者在第一个月接受初访,而在其后每六个月进行一次追访,共进行四次追访。第 002 号则是放弃调查或在追访时遗失的例子。第 003 号是在某几个时间点上出现了缺失值。第 004 号则是仅在两个时间点具有有效数据。第 005 号虽然有初访和三次追访的完整数据①,但其访问发生的时间与计划不符。最后,第 006 号不仅有缺失值,而且其时间点也与计划不符。

---

① 此处原文有误。

对象	1	2	3	4	5	6	7	8	9	10	11	12	13	14	15	16	17	18	19	20	21	22	23	24	25
001	*						*						*						*						*
002	*						*						*												
003	*						*																		*
004	*													*											
005	*					*																*		*	
006						*																		*	

图 3.4　一个较混乱的面板数据集

许多传统历时性研究,如重复测量的多元方差分析,都不能较容易地处理不均衡或包含缺失值的情况,或时点不均匀的纵向数据。而多层次模型则相对有效且灵活,它可使用任何能够获得的数据,并且可以拟合在不同时点上采集的数据,对历时变化的模式进行预测。

为了举例说明纵向数据的多层次模型研究,我们使用全国卫生统计中心与全国老年研究所在 1984 年到 1990 年间合作进行的两年一度的纵向调查数据,该调查的研究对象是 70 岁或以上的老年人,被称做"老年人纵向数据"(LSOA)。本书使用的数据提取自 ICPSR 上公开发表的数据。该数据的重要目的之一是测量老年人机能状态和生活安排的改变,使之特别适合多层次模型。参与者至少为 70 岁,1984 年,他们被纳入调查并接受了第一次访问,在之后直至 1990 年,他们每两年接受一次再访问。

表 3.4 和表 3.5 反映了 HLM 软件要求的数据结构以及研究中使用变量的情况。第一张表是访谈层次(第一层)的数据集。样本序列号(Case ID)是参与者的号码,它关联着两个数据集。困难活动数量(NumADL)是受访者在日常生活

中面临困难的活动数量,该变量的取值从 0 至 7,其覆盖的困难包括洗浴、穿衣、进食、上下床及上下轮椅、行走、外出和如厕。因而该变量可看做对机能状态的测量,较高的活动数量表明更差的机能状态。婚姻状况(Married)是记录参与者在受访时是否已婚的二元变量。由于婚姻状态是可变的,因而它被作为时变变量放在访谈层次的数据集内,而不是放在个体层次的数据集中。访谈序列(Wave)是时间变量,表明此次访谈是第几次,它将被用于拟合线性变化。它是已经被减去 1 而重新参数化后的变量,所以对于第一次访谈而言,序列 = 0。序列平方($Wave^2$)即访谈序列的平方,将被用于检验二次变化。时点 1 至时点 4(IND1—IND4)是 HLM 软件用于指定访谈时点的变量(其他软件,如 SAS *PROC Mixed* 或 S-Plus *nlme*,并不需用户创造这类变量)。

表 3.4　LSOA 一层数据

样本序列号	困难活动数量	婚姻状况	访谈序列	访谈序列^2	时点 1	时点 2	时点 3	时点 4
1	0	否	0.00	0.00	1.00	0.00	0.00	0.00
2	0	否	0.00	0.00	1.00	0.00	0.00	0.00
2	0	否	1.00	1.00	0.00	1.00	0.00	0.00
2	0	否	2.00	4.00	0.00	0.00	1.00	0.00
2	1	否	3.00	9.00	0.00	0.00	0.00	1.00
3	0	否	0.00	0.00	1.00	0.00	0.00	0.00
3	0	否	3.00	9.00	0.00	0.00	0.00	1.00
4	0	否	0.00	0.00	1.00	0.00	0.00	0.00
4	5	否	1.00	1.00	0.00	1.00	0.00	0.00
4	0	否	2.00	4.00	0.00	0.00	1.00	0.00
4	1	否	3.00	9.00	0.00	0.00	0.00	1.00

表 3.5   LSOA 二层数据

样本序列号	性别	开始年龄
1	女性	70
2	男性	87
3	女性	71
4	男性	78

参与者层次的数据文件则较为简单,如表 3.5 所示。开始年龄(Age84)是研究开始时参与者的年龄;性别(Male)则是指示参与者性别的二元变量,其中男性编码为 1,女性编码为 0。只有在所有时间皆不发生改变的变量才被放入这一个体层次数据集。

我们的基本目标是模型化六年间日常生活出现问题的轨迹。同时,我们关注年龄、性别、婚姻状况如何影响这一轨迹。数据包含 7417 位参与者的 20283 次访谈信息,平均每人达 2.73 次。由于每个参与者应被调查四次,所以大约有 32% 的缺失值。事实上,仅有 2330 位参与者(31.4%)完成了四次访谈。换言之,使用重复测量的方差分析来研究这一数据并不可取,而多层次模型则可以在不损失样本与信息的情况下分析整个数据。

表 3.6 是根据每次调查的样本计算的困难活动数量均值。基于样本均值,我们可以观察到长者身体机能的逐年下降,因而我们首先要拟合的模型是机能的线性和二次项变化以及年龄和性别的影响:

表 3.6   不同时点上的日常生活平均困难数目

	基准年	2 年后	4 年后	6 年后
平均困难数目	0.72	1.21	1.19	1.32

第一层：$Y_{ij} = \beta_{0j} + \beta_{1j}\,(\text{Wave})_{ij} + \beta_{2j}\,(\text{Wave}^2)_{ij} + r_{ij}$

第二层：$\beta_{0j} = \gamma_{00} + \gamma_{01}\,(\text{Male})_j + \gamma_{02}\,(\text{Age} - \overline{\text{age}})_j + u_{0j}$

$\qquad\;\; \beta_{1j} = \gamma_{10} + u_{1j}$

$\qquad\;\; \beta_{2j} = \gamma_{20} + u_{2j}$

$$[3.10]$$

　　请注意，我们允许时间斜率在不同个体间变化，但并不试图将其与个人层次的变量相关联。同时，我们用总体均值对个人层次的年龄变量进行中心化。若不如此，我们则无法解释截距项，因为它反映了个人 0 岁时的情况。

　　该模型（模型 1）的结果显示在表 3.7 的左侧。图 3.5 是根据这些结果所绘制的预测图，该图针对 1984 年调查时，年龄等于总体均值的个体。男性和女性在调查开始时的平均困难活动数量都小于 1，并且在其后的六年间稳定增长。访谈序列的参数估计为 0.473，表明每两年困难活动数量约增长 0.5。尽管序列平方在模型中也显著，但其系数仅为 −0.046，远小于线性效应。二次效应可以简单解释为变化率，因而该结果说明随着时间的推移，机能水平下降的速率在降

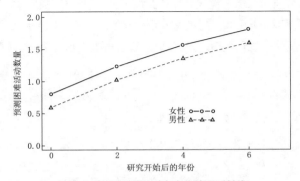

图 3.5　生活困难随时点变化的预测射线

低。男性机能略好于女性（-0.210），并且每年的年龄增长会导致困难活动数量增多0.073。

随机效应的方差估计显示，个体间方差（1.070）和个体内方差（1.014）大致相等。考虑到固定效应的大小，说明还有相当部分的方差未被模型拟合。

表3.7中的模型2和模型3是初始模型的补充。模型2加入第一层次的时变变量婚姻状况（方程3.11），检验已婚个体较之未婚个体，其机能状况较好的假设。婚姻状况是作为固定效应进入模型的，否则HLM将无法拟合，这可能是由于个体间及个体内部婚姻状况的差异较小造成的。结果显示，婚姻状况并不是影响机能状态的显著变量。

$$第一层：Y_{ij} = \beta_{0j} + \beta_{1j}(\text{Wave})_{ij} + \beta_{2j}(\text{Wave}^2)_{ij}$$
$$+ \beta_{3j}(\text{Married})_{ij} + r_{ij}$$

$$第二层：\beta_{0j} = \gamma_{00} + \gamma_{01}(\text{Male})_j + \gamma_{02}(\text{Age} - \overline{\text{age}})_j + u_{0j}$$
$$\beta_{1j} = \gamma_{10} + u_{1j}$$
$$\beta_{2j} = \gamma_{20} + u_{2j} \qquad\qquad [3.11]$$
$$\beta_{3j} = \gamma_{30}$$

模型1仅仅将性别作为主效应加以考虑。而我们可以通过加入层间交互项来检验男性和女性是否具有同样的机能变化轨迹。模型3就引入了这些交互项（方程3.12），结果显示，性别和机能变化的线性效应以及二次效应之间的交互作用皆不显著。

$$第一层：Y_{ij} = \beta_{0j} + \beta_{1j}(\text{Wave})_{ij} + \beta_{2j}(\text{Wave}^2)_{ij} + r_{ij}$$

$$第二层：\beta_{0j} = \gamma_{00} + \gamma_{01}(\text{Male})_j + \gamma_{02}(\text{Age} - \overline{\text{age}})_j + u_{0j}$$
$$\beta_{1j} = \gamma_{10} + \gamma_{11}(\text{Male})_j + u_{1j}$$
$$\beta_{2j} = \gamma_{20} + \gamma_{21}(\text{Male})_j + u_{2j}$$
$$\beta_{3j} = \gamma_{30}$$

$$[3.12]$$

表 3.7 LSOA 纵向数据的参数估计和模型拟合

固定效应	模型 1 系数	标准误	T 比值	p	模型 2 系数	标准误	T 比值	p	模型 3 系数	标准误	T 比值	p
对截距的估计 (β_{0j})												
截距 (γ_{00})	0.802	0.021	37.4	0.000	0.818	0.024	34.3	0.000	0.816	0.024	34.0	0.000
性别 (γ_{01})	−0.210	0.034	6.1	0.000	−0.189	0.037	5.1	0.000	−0.185	0.038	4.87	0.000
年龄 (γ_{02})	0.073	0.003	24.5	0.000	0.072	0.003	23.6	0.000	0.003	0.003	23.6	0.000
对访谈序列的斜率的估计 (β_{1j})												
访谈序列 (γ_{10})	0.473	0.025	19.0	0.000	0.472	0.025	18.9	0.000	0.470	0.031	15.1	0.000
性别 (γ_{11})									0.006	0.052	0.1	0.900
对序列平方的斜率的估计 (β_{2j})												
序列平方 (γ_{20})	−0.046	0.008	5.4	0.000	−0.046	0.008	5.4	0.000	−0.043	0.010	4.13	0.000
性别 (γ_{21})									−0.007	0.018	0.4	0.679
对婚姻状况的斜率的估计 (β_{3j})												
婚姻状况 (γ_{30})					−0.051	0.033	1.5	0.128	−0.051	0.033	1.5	0.130

随机效应	模型 1 标准差	方差分量	模型 2 标准差	方差分量	模型 3 标准差	方差分量
截距 (u_{0j})	1.070	1.144	1.070	1.144	1.070	1.144
访谈序列斜率 (u_{1j})	0.704	0.495	0.703	0.494	0.703	0.494
序列平方斜率 (u_{2j})	0.195	0.038	0.195	0.038	0.195	0.038
第一层截距 (r_{ij})	1.014	1.029	1.014	1.029	1.014	1.029

模型拟合	模型 1 离差	参数	AIC	BIC	模型 2 离差	参数	AIC	BIC	模型 3 离差	参数	AIC	BIC
	73967	12	73991	74074	73965	13	73991	74081	73964	15	73994	74098

　　统计系数表明，我们并没有理由拒绝模型1而选择模型2或模型3。在模型拟合的三个数据中，贝叶斯信息准则最能区分最优模型。由于贝叶斯信息在选择最小离差的基础上考虑样本量的影响，所以其优势在处理大样本数据时更明显。由于模型1具有最小的贝叶斯信息值，因而模型1即最优模型。

　　此处纵向数据的模型建构步骤大致类似我们之前用到的多层次模型。然而，处理纵向数据还需考虑另一个重要问题。在非纵向数据中，我们总是假设误差的正态分布以及独立性，但独立性假设却常常不适用于纵向数据。因此，研究者需为纵向数据选择一个合适的误差替代结构。大部分软件可以模拟这一结构，虽然为了使用者的方便，这些结构的设置各不相同。

　　表3.8就三种不同的协方差结构向我们展示了模型1的拟合优度指标。最一般的误差结构是无限制或非结构化的，它对误差项不进行任何假设，因而允许任何形式的相关性误差存在。无限制的协方差结构总是会得出最大的随机参数值，这是因为每一段时间间隔都会由数据估计出独立的协方差。所以，尽管无限制误差模型的离差总是最小，但它却是最不简约的模型。同时，对误差结构进行一定限制的模型不仅在理论上更为合理，而且也更易于估计。综上所述，无限制模型更多地被作为基线模型和其他模型相比较。

　　我们一般不会在模型中假设所有协方差完全变动的情况，相反，我们会假设不同时间间隔的协方差为常数，即假设不同时点间的相关是同一个值。这一较为严格的假设被称做"同质误差"，它等同于重复测量单变量方差分析（ANO-

VA)中的"复合对称性"假设。这一假设由于其简约化特征而十分具有吸引力,其模型总是使用最少的参数。然而,复合对称性这一强假设并不总是能够拟合现实世界的数据。

　另一个常用于纵向数据的误差结构是自回归结构,它有时也被称做"一阶自回归"。该误差结构处于完全无限制与高度限制的同质误差假设之间,它假定误差项仅在一阶时间间隔之间相关。所以若间隔相关被估计为 0.30,则意味着时点 1 和时点 2 之间的相关、时点 2 和时点 3 之间的相关及其他类似项都为 0.30。在现实意义上,它表示时间间隔越大,则相关性越小。时点 1 和时点 3 之间的相关小于 0.30。自相关结构在简约性上几乎可媲美同质结构,它只需多估计一项参数——rho,即一阶相关。

　表 3.8 中的拟合优度指标说明对于 LSOA 模型,自回归误差结构对数据的拟合最差,而无限制误差结构和同质误差结构则提供了大致相同的结果。但出于对模型简约性的考虑,我们将选择同质模型(事实上,表 3.7 的结果正是基于同质误差结构的)。之所以两个误差结构呈现了类似的结果,其原因在于我们的数据中仅有四个时点。当时点增加时,无限制模型的参数个数将显著上升,而不同误差结构的拟合结果也将显著不同。

表 3.8　不同误差结构下的模型拟合

误差结构	参数	离差	AIC	BIC
无限制误差	15	73879	73909	74103
同质误差	12	73967	73991	74074
自回归误差	13	74340	74366	74456

　本节只触及了在纵向数据分析中使用多层次模型的核

心部分。若读者希望更多地了解诸如误差结构、非线性时变和非连续性时变以及其与时间序列分析的关系或是软件运用等问题,则可参考以下学者的著作:Little et al. , 2000;Moskowitz & Hershberger, 2002;Singer & Willett, 2003。

附　录

附录 | 数据、其他辅助材料及软件

本书使用的两个数据集在以下网站上都可以下载: http://biostats.slu.edu/multimodel.htm。另外,该网站也提供用于分析这些数据并生成统计和图表结果的两个程序 HLM 及 R/S-Plus。读者还可在该网站获得多层次模型的其他资料。

本书的重点在于提供多层次模型技术的理论及统计简介。尽管在本书的例子中,我们已经使用了两个常见的统计软件(HLM 和 R/S-Plus),但关于如何选择一个合适的软件以及某个软件的具体操作,却超出了本书的范围。并且任何的软件操作书籍在其出版后的短时间内即会过时。

对软件的选择或许是个艰难的任务,因为不同的软件会对多层次模型采取非常不同的拟合方法,并且各有其优势和劣势,而且某些软件可能非常昂贵。关于选择合适的软件,我们给出以下建议:

表 A1 对比了多层次模型常用软件的一些具体信息。多层次分析的初学者面临的一个问题可能是:应选择使用专业的多层次分析软件,还是选择运用一般统计软件中的混合效应程序(如 SAS 中的混合效应程序以及 R/S-Plus 中的 *lme* 或 *nlme*)? 使用 SAS、SPSS 或 R 的主要优势是分析者很有

表 A1　多层次模型软件相关信息

多层次模型专门软件

	版本	统计模型	层数	GHLM	界面	网页	参考书目
HLM	5.04	多层次	3	有	菜单	http://www.ssicentral.com/hlm/hlm.htm	Raudenbush 等人，2000
MlwiN	2.0(Beta)	多层次	3+	有	菜单	http://multilevel.ioe.ac.uk	Rasbash 等人，2000

一般统计软件

	版本	统计模型	层数	GHLM	界面	网页	参考书目
R/S-Plus-nlme or lme	Lme4 0.4-4	混合	3	有	程序语句	http://cran.r-project.org http://nlme.stat.wisc.edu/	Pinheiro 与 Bates，2000
SAS-Proc Mixed	8.2	混合	3	有	程序语句	http://www.sas.com	Littell 等人，1996 Singer，1998
SPSS-MIXED	12.0	混合	3	无	菜单或程序语句	http://www.spss.com	SPSS Advanced Models documentation

可能已经拥有这类软件，并熟知其操作。然而一般来说，这些软件对多层次模型的具体分析而言，仍然缺乏足够的介绍。另外，这些软件在多层次模型的处理中都使用混合效应模式，在模型较复杂的时候（如三层模型），这可能非常容易引起困惑。

HLM 和 MLwiN 都是处理复杂多层次模型的有效软件。它们的程序说明都比较清晰，尤其是 MLwiN，它提供了一套相当有用的程序讲解。在模型分析方面，它们相较一般软件限制更少，在模型收敛上不易出现问题，并且模型的拟合也相对更快速（尤其是 SAS，在估计复杂模型时非常慢）。但由于它们只是专业软件，因而在数据处理上有更多的限制，且绘图功能并不十分强大。

综合上述原因，若是进行大量且复杂的多层次模型分析，则至少我们应尝试使用 HLM 或 MLwiN。这两个软件在其主页上皆提供试用版。而上文的简短讨论仅关注了一些主要软件包，事实上，根据多层次模型的不同种类，我们还可使用大量其他的软件。下文列出了更多的相关信息。读者亦可参考莱乌和克雷夫特的著作（Leeuw & Kreft, 2001），他们对多层次模型分析软件提供了更详细的比较。

附录 | **其他资料**

　　我们仍有其他大量的资料，它们或许可帮助初学者迅速掌握多层次分析技术，或许可帮助有经验的分析者处理更为复杂的多层次问题。多层次模型分析中心（the Centre for Multilevel Modeling）提供了一个可能是最好的网站：http://multilevel. ioe. ac. uk/。该网站除了提供对 MLwiN 的技术支持外，还提供完备的相关文献以及对其他多层次模型软件的介绍。

　　加州大学洛杉矶分校同样也有一个关于多层次模型的网站：http://statcomp. ats. ucla. edu/mlm/。它是一个非常有用的搜索引擎，能提供有关多层次模型的一切信息。其中特别值得关注的是 Singer 和 Willet 在《应用历时性数据分析》一书中使用的数据集和程序语句。读者可比较不同软件对同一多层次模型的处理方法，其中即包括我们上文提到的所有软件。

　　最后，浏览多层次模型讨论网对任何一位想要使用多层次分析技术的人都大有裨益。多层次模型的研究者和软件研发人员通常都会加入这一邮件列表。读者可以通过 http://www. jiscmail. ac. uk/lists/multilevel. html 加入列表并浏览过去的讨论。

参考文献

Akaike, H. (1987). "Factor analysis and the ATC." *Psychometrika 52*: 317—332.

Armitage, P. & Colton, T. (1998). *Encyclopedia of Biostatistics*. New York: J. Wiley.

Becker, R. A. & Cleveland, W. S. (1996). *S-Plus Trellis Graphics User's Manual*. Seattle: MathSoft, Inc.

Bhaskar, R. (1989). *The Possibility of Naturalism: A Philosophical Critique of the Contemporary Human Sciences*. Atlantic Highlands, New Jersey: Humanities Press.

Boyle, M. H. & Willms, J. D. (2001). "Multilevel modeling of hierarchical data in developmental studies." *Journal of Child Psychology and Psychiatry 42*:141—162.

Buka, S. L., Brennan, R. T., Rich-Edwards, J. W., Raudenbush, S. W. & Earls, F. (2003). "Neighhborhood support and the birth weight of urban infants." *American Journal of Epidemiology 157*:1—8.

Carroll, K. (1975). "Experimental evidence of dietary factors and hormone-dependent cancers." *Cancer Research 35*:3374—3383.

Cleveland, W. S. (1993). *Visualizing Data*. Summit, New Jersey: Hobart Press.

Curran, P. J., Stice, E. & Chassin, L. (1997). "The relation between adolescent and peer alcohol use: A longitudinal random coefficients model." *Journal of Consulting and Clinical Psychology 65*:130—140.

de Leeuw, J. & Kreft, I. G. G. (2001). "Software for multilevel analysis." In A. H. Leyland & H. Goldstein (eds.), *Multilevel Modelling of Health Statistics*(pp. 187—204). Chichester, UK: Wiley.

Diez-Roux, A. Y, Merkin, S. S., Arnett, D., et al. (2001). "Neighborhood of residence and incidence of coronary heart disease." *New England Journal of Medicine 345*:99—106.

Duncan, C., Jones, K. & Moon, G. (1998). "Context, composition and heterogeneity: Using multilevel models in health research." *Social Science and Medicine 46*:97—117.

Freedman, D. A. (2001). "Ecological inference and the ecological fallacy." In N. J. Smelser & P. B. Baltes(eds.), *International Encyclopedia of the Social & Behavioral Sciences*. New York: Elsevier.

Gebbie, K., Rosenstock, L. & Hernandez, L. M. (2003). "Who will keep the public healthy?" *Educating Public Health Professionals for the 21st Century*. Washington, D. C.: The National Academies Press.

Goldstein, H., Yang, M., Omar, R., Turner, R. & Thompson, S. (2000). "Meta-analysis using multilevel models with an application to the study of class size effects." *Applied Statistics 49*:399—412.

Harrell, F. E. (2001). *Regression Modeling Strategies: With Applications to Linear Models, Logistic Regression, and Survival Analysis*. New York: Springer.

Heck, R. H. & Thomas, S. L. (2000). *An Introduction to Multilevel Modeling Techniques*. Mahwah, NJ: Lawrence Erlbaum Associates.

Holmes, M. D., Hunter, D. J., Colditz, G. A., Stampfer, M. J., Hankinson, S. E., Speizer, F. E., Rosner, B. & Willett, W. C. (1999). "Association of dietary intake of fat and fatty acids with risk of breast cancer." *Journal of the American Medical Association 281*:914—920.

Hox, J. (2002). *Multilevel Analysis*. Mahwah, NJ: Lawrence Erlbaum Associates.

Kreft, I. (1995). "The effects of centering in multilevel analysis: Is the public school the loser or the winner? A new analysis of an old question." *Multilevel Modelling Newsletter 7*:5—8.

Kreft, I. & de Leeuw, J. (1998). *Introducing Multilevel Modeling*. London: Sage Publications.

Lazarsfeld, P. F. & Menzel, H. (1969). "On the relation between individual and collecctive properties." In A. Etzioni(ed.), *A Sociological Reader on Complex Organizations*. New York: Holt, Rinehart, and Winston.

Leyland, A. H. & Goldstein, H. (2001). *Multilevel Modeling of Health Statistics*. Chicester, UK: John Wiley & Sons.

Littell, R. C., Milliken, G. A., Stroup, W. W. & Wolfinger, R. S. (1996). *SAS System for Mixed Models*. Cary, NC: SAS Institute Inc.

Little, T. D., Schnabel, K. U. & Baumert, J. (2000). *Modeling Longitudinal and Multilevel Data: Practical Issues, Applied Approaches and Specific Examples*. Mahwah, NJ: Lawrence Erlbaum Associates.

Lochner, K., Pamuk, E., Makuc, D., Kennedy, B. P. & Kawachi, I. (2001). "State-level income inequality and individual mortality risk: A prospective, multilevel study." *American Journal of Public Health 91*:

385—391.

Longford, N. T. (1989). "To center or not to center." *Multilevel Modelling Newsletter 1*:7, 11.

Longford, N. T. (1993). *Random Coefficient Models*. New York: Oxford University Press.

Luke, D. A. & Krauss, M. (2004, under review). "The influence of tobacco industry PAC contributions on voting behavior in the U. S. Congress."

Maes, L. & Lievens, J. (2003). "Can the school make a difference? A multilevel analysis of adolescent risk and health behaviour." *Social Science & Medicine 56*:517—529.

McArdle, J. J. & Epstein, D. (1987). "Latent growth curves within developmental structural equation models." *Child Development 58*:110—133.

Moos, R. H. (1996). "Understanding environments: The key to improving social processes and program outcomes." *American Journal of Community Psychology 24*:193—201.

Moskowitz, D. S. & Hershberger, S. L. (2002). *Modeling Intraindividual Variability with Repeated Measures Data: Applications and Techniques*. Hillsdale, NJ: Lawrence Erlbaum Associates.

Mossholder, K. W. , Bennett, N. & Martin, C. L. (1998). "A multilevel analysis of procedural justice context." *Journal of Organizational Behavior 19*:131—141.

Muthén, B. O. (1994). "Multilevel covariance structure analysis." *Sociological Methods & Research 22*:376—398.

O'Brien, R. M. (2000). "Levels of analysis." In E. G. Borgbatta & R. Montgomery(eds.), *Encyclopedia of Sociology*(2nd ed.). New York: Macmillan.

"Office of Behavioral and Social Sciences Research."(2000). *Toward Higher Levels of Analysis: Progress and Promise in Research on Social and Cultural Dimensions of Healrh*(NIH Publication No. 01—5020). Bethesda, MD: National Institutes of Health.

Perkins, D. D. , Wandersman, A. , Rich, R. C. & Taylor, R. B. (1993). "The physical environment of street crime: Defensible space, territoriality and incivilities." *Journal of Environmental Psychology 13*:29—49.

Pinheiro, J. C. & Bates, D. M. (2000). *Mixed-effects Models in Sand S-Plus*. New York: Springer.

Pinheiro, J. C. , Bates, D. M. , DebRoy, S. &- Sarkar, D. (2003). *The nlme Package.*

Plewis, I. (1989). "Comment on 'Centering predictors in multilevel analysis'." *Multilevel Modelling Newsletter 1* :6, 11.

Rasbash, J. , Browne, W. , Goldstein, H. , Yang, M. , Plewis, I. , Healy, M. , Woodhouse, G. , Draper, D. , Langford, I. &- Lewis, T. (2000). *A User's Guide to MLwiN* (Version 2. 1b). London: University of London, Institute of Education.

Raudenbush, S. W. (1989). "'Centering' predictors in multilevel analysis: Choices and consequences." *Multilevel Modelling Newsletter 1* : 10—12.

Raudenbush, S. W. &- Bryk, A. S. (1985). "Empirical Bayes meta-analysis." *Journal of Educational Statistics 10* :75—98.

Raudenbush, S. W. &- Bryk, A. S. (2002). *Hierarchical Linear Models: Applications and Data Analysis Methods* (2nd ed.). Thousand Oaks, CA: Sage Publications.

Raudenbush, S. W. , Bryk, A. S. , Cheong, Y. E. &- Congdon, R. (2000). *HLM 5 : Hierarchical Linear and Nonlinear Modeling.* Lincolnwood, IL: SSI Scientific Software International.

Rice, N. , Carr-Hill, R. , Dixon, P. &- Sutton, M. (1998). "The influence of households on drinking behaviour: A multilevel analysis." *Social Science &- Medicine 46* :971—979.

Schwarz, G. (1978). "Estimating the dimension of a model." *Annals of Statistics 6* :461—464.

Shinn, M. &- Rapkin, B. D. (2000). "Cross-level research without cross-ups in community psychology." In J. Rappaport &- E. Seidman (eds.), *Handbook of Community Psychology.* New York: Kluwer Academic/ Plenum Publishers.

Singer, J. D. (1998). "Using SAS PROC MIXED to fit multilevel models, hierarchical models, and individual growth models." *Journal of Educational and Behavioral Statistics 24* :323—355.

Singer, J. D. &- Willett, J. B. (2003). *Applied Longitudinal Data Analysis: Modeling Change and Event Occurrence.* New York: Oxford University Press.

Snijders, T. &- Bosker, R. (1994). "Modeled variance in two-level models." *Sociological Methods &- Research 22* :342—363.

Snijders, T. & Bosker, R. (1999). *Multilevel Analysis : An Introduction to Basic and Advanced Multilevel Modeling*. London: Sage Publications.

Villemez, W. J. & Bridges, W. P. (1988). "When bigger is better: Differences in the individuallevel effect of firm and establishment size." *American Sociological Review 53* :237—255.

译名对照表

Akaike Information Criterion	赤池信息准则
atomistic fallacy	原子谬误
autoregressive structure	自回归结构
compound symmetry	复合对称性
context	情境
covariates	协变量
deviance	离差
dispersion index	分散指数
ecological fallacy	生态谬误
generalized hierarchical linear model	广义分层线性模型
hierarchical linear models	分层线性模型
homogeneous error	同质误差
intraclass correlation coefficient	组间相关系数
lag	时间间隔
maximum likelihood estimation	最大似然估计
mixed effects models	混合效应模型
multilevel modeling	多层次模型
null model	零模型
random coefficients models	随机系数模型
repeated-measures univariate ANOVA	重复测量单变量方差分析
R-square	判定系数
Schwarz's Bayesian information criterion	贝叶斯信息准则
trellis plot	格架图

图书在版编目(CIP)数据

多层次模型 /（美）道格拉斯·A.卢克著；郑冰岛
译. — 上海：格致出版社：上海人民出版社，2023.9
（格致方法·定量研究系列）
ISBN 978 - 7 - 5432 - 3496 - 3

Ⅰ.①多… Ⅱ.①道… ②郑… Ⅲ.①递归论-研究
Ⅳ.①O141.3

中国国家版本馆 CIP 数据核字(2023)第 159016 号

责任编辑　裴乾坤

格致方法·定量研究系列

多层次模型

[美]道格拉斯·A.卢克　著

郑冰岛　译

出　　版　格致出版社
　　　　　上海人民出版社
　　　　　（201101　上海市闵行区号景路 159 弄 C 座）
发　　行　上海人民出版社发行中心
印　　刷　浙江临安曙光印务有限公司
开　　本　920×1168　1/32
印　　张　3.5
字　　数　64,000
版　　次　2023 年 9 月第 1 版
印　　次　2023 年 9 月第 1 次印刷
ISBN 978 - 7 - 5432 - 3496 - 3/C · 301
定　　价　35.00 元

本书版权归 SAGE Publications 所有。由 SAGE Publications 授权翻译出版。

上海市版权局著作权合同登记号：图字 09-2023-0790

格致方法·定量研究系列